你好，时装

服装设计效果图
水彩手绘表现技法

U0277352

朱易 编著 ⊙

人民邮电出版社
北京

图书在版编目（CIP）数据

你好，时装：服装设计效果图水彩手绘表现技法 / 朱易编著. -- 北京：人民邮电出版社，2020.1
ISBN 978-7-115-51928-3

Ⅰ. ①你… Ⅱ. ①朱… Ⅲ. ①服装设计－效果图－绘画技法 Ⅳ. ①TS941.28

中国版本图书馆CIP数据核字(2019)第190755号

内 容 提 要

这是一本讲解手绘水彩时装画技法的教程。全书共有 8 章，第 1 章讲解了手绘水彩时装画的基础知识，第 2~3 章介绍了手绘人体动态和人物造型的表现技法，第 4~6 章分别讲解了服装单品、服装配饰和服装面料的表现技法，第 7 章剖析了不同风格服装的绘制方法及典型作品，第 8 章展示的是时装画的风格探索、综合表现和优秀作品。

本书适合服装设计师及水彩画学习者阅读使用，也可作为服装设计类院校或相关培训机构的参考教材。

◆ 编　著　朱　易
责任编辑　王振华
责任印制　马振武

◆ 人民邮电出版社出版发行　北京市丰台区成寿寺路 11 号
邮编　100164　电子邮件　315@ptpress.com.cn
网址　http://www.ptpress.com.cn
北京富诚彩色印刷有限公司印刷

◆ 开本：880×1230　1/24
印张：9.75
字数：500 千字　　　　　　2020 年 1 月第 1 版
印数：1－3 000 册　　　　　2020 年 1 月北京第 1 次印刷

定价：69.00 元

读者服务热线：(010)81055410　印装质量热线：(010)81055316
反盗版热线：(010)81055315
广告经营许可证：京东工商广登字 20170147 号

前 言

PREFACE

手绘有着不可替代的优点，手绘是作者自我意识的表达，手绘拥有独特的艺术魅力与感染力。服装设计手绘要根据个人的不同喜好进行选材，手绘风格应以服装的设计风格为依据，同时根据个人经历进行探索，对人物的形象进行加工，从而传达出作者的情感。

如今时装画应用广泛，它所具有的审美价值与市场价值受到越来越多的人的关注。在服装设计中，手绘增强了作品的情感张力，传达出新的审美感受，从而引发人们的联想。手绘服装效果图具有不可替代的作用，它集艺术与技术为一体，能够表达设计师内心的灵感与设计思维。学习手绘能够提升设计师的艺术修养，增强设计师的创造力。

学习时装画不能一蹴而就，需要掌握好方法与技巧，然后通过量的积累去引发质的变化。水彩对于初学者而言会有一定难度，需要学习控制水分的多少、调色方法、运笔速度等，水分的多少不同与时间的长短不同会形成不同的效果。只有不断练习，才能熟练掌握。熟练掌握工具与技法以后，才能更好地表现出不同面料与质感的服装。

希望在本书中分享的一些绘画经验，能够帮助到学习服装设计的你。先掌握好基础知识，再不断提高审美能力，寻找自己的独特风格，发挥自己的创造力，这样才能创作出属于自己的时装作品。

绘画是一条不归路，愿你我都能继续走下去，保持初学者的态度，不忘初心，越努力越幸运。

感谢编辑在漫长的写书过程中所给予的帮助，这才使得一张张画稿集合成书，我甚是愉悦。

最后，感谢正在阅读这本书的你。

朱易

2019.5

资源与支持

本书由数艺社出品，"数艺社"社区平台（www.shuyishe.com）为您提供后续服务。

随书资源包含 20 张线稿图和 20 张上色效果图。如果您对本书有任何疑问或建议，请发邮件至 szys@ptpress.com.cn。如果您想获取更多服务，请访问"数艺社"社区平台。

目 录

CONTENTS

07 不同风格服装水彩手绘表现

08 时装画创作表现

01

服装设计手绘水彩表现基础知识

1.1
对服装手绘的认识

在时装设计中，绘制时装效果图有着十分重要的作用。通过在纸面上绘制出具体的人物形象与服装造型，形成直观的图片语言，可以向客户传达设计思维与创意理念，从而更加顺畅地沟通。设计师的绘图水平能够很直观地体现出个人设计能力，它是个人创作的必备要求与专业素养。

时装画是以绘画作为基本手段，通过丰富的艺术处理方法来体现服装设计的造型和整体气氛的一种艺术形式。时装画这一画种的独特性在于它是专门表现时尚个性的，它的目的是表达创作者的思维，绘画主体可以是时尚的服装，也可以是人物着装的样貌，它能够很好地表现出服装在人体上的效果与整体氛围。通过不同的工具与上色方法，能够产生多种多样的效果。

时装画在某种程度上与绘画艺术有着共同的语言，同时时装画也是服装设计的载体，设计的灵感直接影响了时装画表现的风格。在绘制时装画时，需要抓住当下流行趋势，对信息进行整合，选择服装的款式与面料的质感，注意色彩搭配与装饰细节，然后通过个人的理解，将符合潮流服装趋势的线条、形体、色彩、光线和感受表达出来，绘制出时装画。

个人风格是时装画创作者在长期的练习中，领悟创作的精妙，发挥自己的特长，从而形成独具个人特色的表现形式。在时装画的学习中，可以从临摹入手，学习前辈的方法，进行基础训练，然后进行不断摸索，从色彩、笔触、氛围等方面，逐渐找到属于自己的时装画"语言"，呈现出艺术性与自我风格，形成独一无二的时装画。

准确表现人体结构与服装款式的时装画，能够传递出设计师的创意，可以作为服装制作的依据，进而投入加工生产。拥有强烈个人风格的时装画，可以与时尚品牌进行合作，创作出时尚插画，然后发布于各大时尚网站进行宣传。

随着时装画的不断发展与进步，电脑时装画也越来越受到人们的青睐。但是电脑时装画也离不开个人的手绘能力，在计算机绘图中，同样需要掌握人体比例与结构、上色步骤与方法等。所以，想绘制好电脑时装画，应该先加强自身的手绘能力。而且，在纸面上绘制的时装画，笔触更加生动，可以更加灵活地表达个人创意。

时装画是一种综合性的艺术。在绘制时装画时，不仅需要运用娴熟的技巧与丰富的经验，还应该拥有开放性的思维，以创造多种多样的可能性。

1.2
对水彩的认识

　　水彩画是以水为媒介，调和颜料作画的一种绘画方法，通过水彩笔蘸取颜料，一层层覆盖、晕染、勾勒，从而产生特殊、美丽的画面效果。

　　水彩画不仅是一种艺术创作形式，还是艺术情感流露的一种语言。水彩画有着自己丰富的内涵和与其他画种截然不同的绘制技法。水分含量的控制，水分与颜料的比例，水分在纸上留下的痕迹，都可成为画面表现的重要因素。水分是水彩画的生命与灵魂，它起着支配画面效果的作用。在水彩作画过程中，水的流动性造就了水彩画独特的风貌，能够产生洒脱、自然的趣味感；同时，水彩颜料具有透明性，能够使画面产生明快、通透的视觉效果，这是水彩画与其他画种的最大差别。

　　随着时代的发展与科技的进步，新的绘画材料越来越多，水彩画的概念也有所拓展。如今水彩画的内涵更加广阔，内容更加丰富，凡是能用水稀释作画的材料，都属于水彩画的领域。现代水彩画不仅用水彩颜料作画，还会用水粉颜料、丙烯颜料、国画颜料作画，甚至一些局部还会用到油画颜料、油漆、食盐等。不管水彩画怎么发展，水彩画的共性就是整个画面的节奏、关系、色彩都是通过水分含量的多少来体现的，画面效果是通过对水分的控制达到的。

　　水彩不仅可以表现出清新、明快的效果，还可以表达粗犷、浑厚的境界。水彩画善于汲取其他画种的技法与表现形式，不断丰富与发展。

　　用水彩绘制时装画时，不仅需要掌握水分、色彩、用笔方式，还需要掌握如何用清水与色彩来表现不同的质感。通过多样的创作手法，可以表现出丰富、生动的画面效果。不同的绘制工具会产生不同的效果，水分的多少、用笔速度都会对画面产生影响。

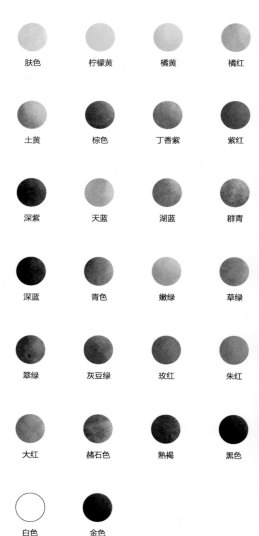

肤色　　柠檬黄　　橘黄　　橘红

土黄　　棕色　　丁香紫　　紫红

深紫　　天蓝　　湖蓝　　群青

深蓝　　青色　　嫩绿　　草绿

翠绿　　灰豆绿　　玫红　　朱红

大红　　赭石色　　熟褐　　黑色

白色　　金色

1.3
水彩画常用工具与材料

水彩笔

◎ 水彩笔的介绍

按笔的种类可分为：动物毛笔、尼龙毛笔和混合毛笔。

动物毛笔：用动物毛制成的水彩笔，使用寿命长，比较好用的有貂毛画笔和松鼠毛画笔。貂毛画笔兼具高弹性和高柔软度，吸水性极佳，能均匀吸附大量颜料，既可以大面积晕染铺色，又可以利用笔尖绘制细节；松鼠毛画笔毛质松软，笔锋聚拢性良好，吸水性极佳，能均匀吸附大量颜料，使颜色饱和鲜艳，笔触鲜活。

尼龙毛笔：用尼龙材料制作成的水彩笔，吸水性比动物毛笔差，硬度适中，塑形效果和弹性极好，拥有很好的聚锋能力和精准度。

混合毛笔：顾名思义，这是尼龙和动物毛混合在一起的毛笔，一般具有极好的聚锋能力与吸水力。

还有一些国画中用到的毛笔也很适合画水彩画，如羊毫、狼毫等。

羊毫画笔：笔毛较柔软，吸水性好，但弹性较弱。

狼毫画笔：硬度比尼龙毛笔硬，吸水性不错。

按笔的形状可分为：圆头笔、尖头笔、勾线笔、平头笔、榛形笔、扇形笔、刷子笔等。多元的笔毛形状能给画作增添多样的笔触效果。

圆头笔：吸水性和储水性极佳，容易控制，是常用的画笔。

圆头笔

尖头笔

平头笔

勾线笔

榛形笔

扇形笔

尖头笔：笔腹可以吸收大量水分用于大面积渲染，也可用笔尖刻画出相对细致的局部或勾勒线条。

勾线笔：细长的笔尖能够画出流畅、灵活的线条，适用于勾边和绘制细小的局部。

平头笔：笔毛平齐，比较硬挺，可以绘制出方形的平坦笔触。

榛形笔：能够描绘出柔和的画面，表现曲线的笔触。

扇形笔：可以用扫笔的方式绘制出粗犷的画面效果。

刷子笔：拥有大量笔毛，能够蘸取很多颜料和水分，适用于铺大面积的背景色和底色。

TIPS

① 新的水彩笔需要从笔尖开始用手轻轻地将笔毛捏散开，再用手弹掉胶质与浮毛，然后将笔毛放入冷的清水中捏洗干净才能使用。

② 蘸取颜料前，需要用干净的清水浸湿画笔，待笔毛吸收水分后，才能蘸取颜料。

③ 每次用过画笔后一定要及时清洗干净，这样才能使笔的使用寿命更长久。

④ 水彩笔的笔毛不要向下放在洗笔筒里长久浸泡，否则容易造成笔尖弯曲，影响使用。

◎ 水彩笔的选择

水彩笔的品牌众多，这里主要为大家介绍几款适合表现时装效果图的水彩笔。

达芬奇428纯貂毛水彩笔

这款水彩笔属于天然动物毛画笔，价格较贵，笔腹的吸水性好，蘸取颜色后绘制的色彩均匀，同时弹性和柔软度也都很好。这款笔的小号水彩笔的笔锋细腻、流畅，可以画出很顺畅的线条。

红胖子拖把笔

这是一款较典型的拖把笔，用松鼠毛制成，笔毛浓密，非常柔软，笔尖聚锋效果不错，拥有很好的弹性，储水能力超强。大号的红胖子拖把笔适合绘制背景和服装大面积的颜色，小号的红胖子拖把笔可以用于刻画细节。这款笔的性价比很高。

华虹368系列水彩笔

这个品牌的水彩笔用尼龙毛制作而成，价格便宜，笔头柔软、有弹性，新笔的聚锋能力很强，可以画出细腻流畅的线条，适合绘制时装效果图中人物的五官，但是画笔使用寿命很短，一般使用半年后笔尖会分叉，聚锋能力降低。

华虹926系列水彩笔

该系列的平头笔用马鬃毛制作而成，毛质偏硬，侧锋饱满，吸水性很好，平涂着色均匀，边缘规整。

华虹205系列水彩笔

该系列水彩笔的笔尖呈扇形，吸水性不太好，适合用扫笔法绘制出干枯的笔触，塑造独特的肌理效果。

秋宏斋毛笔

这是中国毛笔的代表品牌，画笔种类很多，笔毛有狼毫、尼龙、兔毫等，画笔价格亲民，同时性能很好，性价比极高。秋宏斋毛笔中的"秀意"系列，弹性适中，手感不错，聚锋性极好，可以勾勒出极细的流畅线条，适合刻画细节。

TIPS

绘制时装效果图时，建议选购1~2支专业的动物毛水彩笔绘制大面积部分，再选购一些国产毛笔搭配使用。笔的大小可以跳号购买，例如，选择0、2、4，因为间隔一号的笔大小区分不太明显。

水彩纸

◎ 水彩纸的介绍

因为不同的纸张会影响作画时的吸水效果、笔触、绘画节奏等，所以了解水彩纸的特性是非常重要的。

水彩纸的特点：吸水性比一般纸张高，纸张较厚，纸面纤维较牢固，不易因反复涂抹而破裂或起球。

水彩纸有很多种类，便宜的水彩纸吸水性较差，昂贵的水彩纸吸水性较好，同时能使作品的色泽保存更久。

按材质分：水彩纸可分为木浆、棉浆和木棉混合纸。

按纹理分：水彩纸可分为粗纹、中粗纹和细纹纸。

按制造分：水彩纸可分为手工纸和机器制造纸。

按克数分：水彩纸有180g、200g、240g和300g等。

按画幅分：水彩纸有全开、半开、4开、8开、16开和32开等。

细纹

◎ 木浆水彩纸和棉浆水彩纸的区别

木浆水彩纸：木浆水彩纸的颜色一般比棉浆水彩纸白，摸起来比棉浆纸坚韧。因为木浆纸的吸水性比棉浆纸弱，所以容易留下水痕，不太适合初学者练习水彩混色效果时使用。

棉浆水彩纸：棉浆水彩纸的价位一般比木浆水彩纸贵，它的颜色稍微偏黄，若用手指轻轻撕开纸张，可以发现撕裂口有毛茸茸的感觉。棉浆纸的吸水性强，干得快，上色均匀，不易留下水痕，适合一层层叠色与混色。

中粗纹

TIPS

如果画面需要大面积铺色或晕染背景等，建议选用300g的水彩纸，因为较薄的水彩纸遇到大量水分时，会产生褶皱，画面干后会呈现皱巴巴的效果。如果没有那么厚的水彩纸，可以用水胶带进行裱纸，裱过的水彩纸在绘制完成后不会皱，效果依旧很平整。水彩纸克数越高，纸张越厚，相应的控水效果越好。

在绘制水彩时装画的时候，需要刻画很多细节，所以建议选用细纹水彩纸。

粗纹

◎ 水彩纸的选择

只有充分了解不同品牌的水彩纸的特性，才能选择适合作画需求的纸张。

阿诗

阿诗水彩纸采用100%高级纤维（棉和麻）制成。采用独特的原纸施明胶制造工艺，可以承受多次刮擦，并使色彩达到最佳状态。阿诗水彩纸晕色柔和，色彩衔接自然，同时吸水性强，可以多层渲染和连续涂改。

获多福

获多福水彩纸是专业的纯棉纸张，可双面使用，画纸吸水性好，扩散性也强，容易深入叠加刻画，绘制的色彩温和、厚重，不易积水，颜色叠加后不易修改。它的缺点是纸上的水彩干了后颜色会发灰。

枫丹叶

该画纸两面的纹理不相同，一面为冷压中粗纹，表现力丰富，另一面则是粗颗粒，有浮雕的感觉。这款水彩纸吸水性好，耐刮削、刷洗。

宝虹

这是一款国产的棉浆水彩纸，经济实惠，性价比很高。纸张吸水性不错，显色优良，色彩保留度很好，但是会有淡淡的水痕。

梦法儿

梦法儿水彩纸的纸面光滑，耐久性优良，采用防霉菌处理，不含荧光增白剂。这款水彩纸只有中粗纹和雪花纹理，吸水不是特别快，非常便于使用和修正，而且方便初学者练习使用。

康颂1557

这是一款性价比较高的木浆水彩纸，纸质坚挺，显色很白，吸水性一般，着色不均匀，修改性强，是初学者练习水彩画的不错选择。

巴比松

这是一款专为中国市场设计的水彩纸，价格亲民，适用于美术和设计院校的学生。它的笔痕较明显，吸水不快，可多次刮擦，不起毛，便于修改和掌握。

水彩颜料

◎ 水彩颜料的介绍

水彩颜料按形态分为：固体水彩和管装水彩。

固体水彩颜料：固体水彩颜料含水量比较低，呈凝固干燥状态，使用时需要用水彩笔蘸水涂抹颜料表面，将颜料溶解后使用。

管装水彩颜料：管装水彩颜料含水量较多，呈膏体状，可以挤在水彩调色盘中，然后用水彩笔蘸取清水调和使用。

固体和管装水彩颜料的区别：固体水彩颜料中，胶与色粉混合均匀且不易分离，管装水彩颜料的稳定性比固体水彩颜料差，时间久了颜料会在管中脱胶，常见问题就是新买的颜料在打开后会发现先挤出的是透明胶液，后挤出的才是颜料，这样颜料中胶的含量就很难保证比例稳定。固体水彩颜料携带方便，可以用于外出写生绘画。

水彩颜料按级别分为：学院级、艺术家、大师级。价格和品质依次递增。

水彩颜料学院级采用的是混色制作；大师级采用的是原色色料制成颜料，原料稀少，加上耐晒度与稳定性更强，所以大师级水彩颜料价格昂贵。

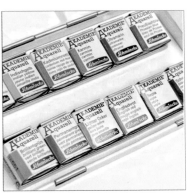

固体水彩

管装水彩

◎ 水彩颜料的选择

　　水彩颜料的好坏，可以通过水彩颜料的透明度、纯度、耐光度等因素判断。选择水彩颜料主要是看颜色能否达到自己的需求，而并非选择品牌。每一款颜料都有自己的特点，应该根据它的综合性能来选择并灵活运用。

吴竹

这款颜料的颜色较鲜艳，固体易溶于水，混色性不错，性价比高。它属于国画颜料，颜色较浓郁厚重，透明度差。

史明克

史明克固体水彩颜料透明度很高，颜色非常清透，鲜艳亮丽，混色很棒，会产生漂亮的水痕笔触。史明克固体水彩分学院级和大师级，大师级的优点突出在混色上，更能晕染出漂亮的效果。

温莎牛顿

温莎牛顿有固体颜料和管装颜料两种，管装颜料胶质感比较重，调色之后沉淀明显，同时显色也一般。温莎牛顿系列的学院级颜料整体性能稳定，显色度也不错，但透明度欠佳。温莎牛顿系列的艺术家级颜料的口碑不错，透明度也比学院级高，适合水彩初学者练习使用。

梵高系列　　　　伦勃朗系列

泰伦斯

梵高系列：这个系列属于学院级，颜色饱和度高，比较鲜艳，性价比高。

伦勃朗系列：这个系列属于大师级，显色较深，暖色系偏多，透明度适中，颗粒精细，配色高级。

荷尔拜因

荷尔拜因水彩颜料膏体细致，颜色通透鲜明，色彩艳丽饱和，明度适中，颗粒极小，显色均匀而纯正，能完美呈现水彩画面丰富的色彩变化，颜料显色度高，干燥后比大多数品牌水彩更鲜艳透亮。但是这个品牌的专家级颜料扩散性较低，不易发生颗粒的沉淀，因此不适合晕染、沉淀等效果。

吉祥

吉祥颜彩为固体国画水彩颜料，色彩艳丽而古典，质地细腻，溶解迅速，洇色适度，层次分明，固体块状较大，属于半透明水彩，叠色覆盖能力强，适合绘制中国风、民族风的效果。

丹尼尔史密斯

丹尼尔史密斯以手工制作的水彩颜料享誉世界。遇水即溶，扩散性佳，很轻易就能展现出色彩的原始样貌，拥有优异的耐光性，质地细致流畅，色彩绚丽独特。色彩种类共达200多种，是目前市场中拥有多颜色可选的颜料，其中的矿物色颜料稀有而独特。

美利蓝

这款颜料质地细腻，色彩明艳，透明度不错，而且稳固性好。上色效果极好，不易挥发。

TIPS

水彩颜料品牌很多，以上选取了一些具有代表性的品牌进行对比。虽然品牌越大价格越贵的水彩效果会越好，但是水彩颜料并不是影响个人绘画好坏的最主要因素。因此，只要掌握好绘画技法并加以灵活运用，价格便宜的工具也能画出很棒的效果。

其他辅助工具

　　在绘制时装效果图时，除了水彩笔、水彩纸、水彩颜料以外，还需要一些辅助工具，如洗笔筒、调色盘、水胶带、海绵等，它们是绘制水彩时装画必不可少的工具。

洗笔筒

使用水彩颜料作画时，需要准备盛水的容器，三格洗笔桶的优点在于盛水多且分工明确：一格盛放清水，用来调和颜料以保证颜料色彩干净；一格用来涮洗水彩笔上的浅色；最后一格专门用来洗去笔上的深色，以免影响其他两格中水的浑浊度。

调色盘

调色盘的材质有树脂和陶瓷等。树脂调色盘较轻，方便外出携带使用；陶瓷调色盘略重，适合在室内绘画使用，其形状各异，有方形波纹与花形调色盘，可根据个人喜好选择。

海绵

质地柔软，吸水性好，不易压缩变形，适用于绘画时吸取画笔多余水分或吸干画笔。可用白色纸巾代替，用白色纸巾吸取笔上颜色时，能清晰看见颜色变化。

自动铅笔

绘制线稿需要用到0.3mm和0.5mm的自动铅笔。0.3mm铅芯的自动铅笔更细腻，适合刻画服装效果图中人物的五官细节。推荐使用樱花和施德楼品牌的自动铅笔，施德楼自动铅笔不易断铅，但价格较贵。

水胶带

大面积晕染铺色时，为了防止水彩纸起皱，需要用到水胶带。使用时需要先用水均匀打湿水胶带背面，然后将其拉紧，粘贴在画纸四周。水胶带黏性高，粘上后不能撕下，只能用小刀裁下。

笔形橡皮

外部是笔式造型，内部细长的橡皮芯可替换，能够准确擦拭细节部位。

可塑橡皮

这种橡皮拥有良好的黏附力，能使画作修改部分过渡均匀，不会使表面混浊，可塑性强。

1.4
水彩的不同绘制技法

　　水分的运用和掌握是水彩技法的要点之一。水分在画面上有渗透、流动、蒸发的特性，画水彩要熟悉"水性"。充分发挥水的作用，是画好水彩画的重要因素。

　　为了掌握好水分，应注意时间、空气的干湿度和画纸的吸水程度。要根据纸的吸水快慢掌握相应的用水量。吸水慢时用水少；纸质松软吸水较快时，用水量需要增加。大面积晕染时用水宜多，刻画局部和细节时用水应适当减少。

干画法叠色

　　干画法叠色是在第1层着色干后再涂第2层颜色，一层层重叠颜色。虽然在画面中涂色层数不一，但不宜遍数过多，以免色彩变灰、变脏，从而丧失了透明感。

01 用水彩笔蘸取第1种颜色，将其绘制在画纸上。

02 待第1种颜色干透后，再叠加绘制出第2种颜色。

03 等颜色都干透后，会形成明显的交叠部分。

湿画法叠色

湿画法叠色不同于干画法叠色，前者更加注重时间、画纸的吸水程度。第1层颜色未干时就需要进行逐层叠色，才能达到更加自然的效果。

01 调和颜色与适量清水，蘸取颜色，平涂在画纸上。

02 混入更多的颜色进行调和，趁湿叠加在第1层颜色上。

03 顺势将深色往第1层颜色较浅的部分过渡，会形成自然的深浅变化效果。

渐变法

渐变法是在颜料未干时进行变化，表现过渡柔和的渐变效果。晕开时笔上水分要均匀，否则水多了会向有颜色处扩散，破坏了渐变的效果。

01 用平涂法绘制出底色。

02 趁底色未干时，用另一支干净的画笔蘸取少量清水，将一侧底色向外自然晕开。

03 持续晕染，直至边缘颜色完全变淡，形成很自然的渐变效果。

喷溅法

喷溅法是通过吹气使颜色四散喷溅，达到泼洒的效果。这种技法表现的效果随意、自然且富有张力，可形成不规则的图案，适合绘制创意时装画。

01 用毛笔蘸取调和清水的颜色，将其滴附于水彩纸上。

02 用力吹开纸上的水滴，颜料会不规则地向周围散开。吹气的力度不同，水滴形成的线条长短也不同。

03 向不同方向吹，会形成不同的图案。

勾线法

勾线法需要选用笔锋尖而细的水彩笔，根据运笔方向可以绘制出细腻的线条，在时装画中用于刻画细节。

01 控制好笔上的水分，用小号勾线笔的笔尖绘制线条，可以有粗细的不同变化。

02 同一支笔可以画出连续的有变化的曲线。

03 将笔尖接触纸面，一气呵成绘制出很细的直线。

单色晕染法

　　单色晕染法需要把握好水分与时间，笔上蘸满饱和的颜色，在纸上从中间向四周扩散，达到晕染的效果。

01 上色前先用清水打湿纸面，以确定需要晕染的部分。

02 待画纸未干时，调和饱含水分的颜色，从中间向四周晕染。

03 绘制完成后，可形成自然晕染的柔和效果。

混色晕染法

　　将画纸浸湿或部分刷湿，在纸张未干时，绘制第1种颜色，着色未干时混合第2种颜色。水分与时间需要掌握得当，效果才会自然而柔和。

01 上色前先用清水打湿纸面，趁湿绘制第1种颜色。

02 在第1种颜色未干时，顺势在第1种颜色的边缘混入第2种颜色。

03 绘制完成后，可形成自然融合的效果。

枯笔法

使用枯笔法时，笔头水少色多，在纸上快速绘制，运笔容易出现飞白。在绘制时装画中，常常采用枯笔法表现粗糙的肌理效果。

01 选择扇形笔，蘸取水分较少的颜色，从左到右运笔。

02 不用蘸取颜色，直接继续绘制，注意运笔要迅速、流畅。

03 画第3笔时，笔上的水分越来越少，扫笔的干爽效果会更加明显。

罩色法

遇到画面中几块颜色不够统一的情况时，可以使用罩色法处理，笼罩一层颜色，使之统一。所罩之色需要薄涂，一遍铺过，不要反复涂抹，否则会带起底色弄脏整体颜色。在着色过程中和最后调整画面时，经常采用罩色法。

01 先在纸上绘制出第1种颜色。

02 待第1种颜色干了以后，用清水调和第2种颜色，薄薄地覆盖住第1种颜色。

03 颜色干透以后会发现第1种颜色被第2种颜色笼罩住。

撒盐法

　　颜色半干时撒上细盐粒，干后会出现雪花般的自然随意肌理。撒盐时，应注意画面的干湿程度，如果太干会失去作用。盐粒在画面上要撒得疏密有致。

 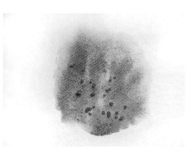 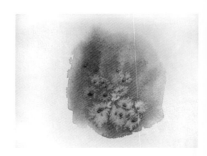

01 用晕染法在纸上绘制出颜色。

02 等颜色半干的时候开始撒盐，盐的颗粒越密集，雪花效果相应也会越密集。

03 等纸上颜色干透之后，去掉盐粒即可。

T I P S

不同产地的盐撒在画面上会产生不同的效果。大家可以多加尝试。

02

服装设计手绘
人体动态表现

2.1
服装效果图人体的基本比例

　　想要绘制出适合服装效果图的人体比例，需要先了解正常的人体比例，然后进行完善和美化，以绘制出适合服装的理想化人体。也可以在正常的人体比例的基础上，进行适度的夸张、抽象等变化。

　　以脚后跟为底部，头的长度为参照，正常人的身高为7头至7.5头身，时装秀场模特为7.5头身至8头身。在绘制服装效果图时，8.5头身的比例最常用，能够很好地展现出大多数服装的特点。如果遇到体积比较大或拖地的长裙，可以在8.5头身的基础上拉长人物腿部线条，达到9头身的比例。

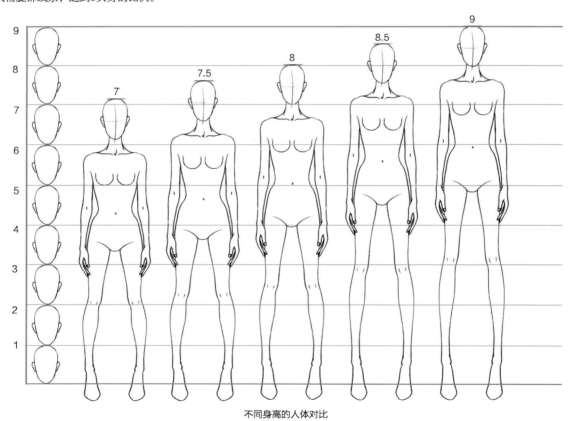

不同身高的人体对比

以1个头长为参考，下颚到肚脐为两个头长，肚脐到臀底为1个头长，女性腰部的宽度是发际线到下颚的长度。

以头的宽度为参考，女性的肩宽等于两个头宽，因为臀部宽于肩部，所以臀部宽度为两个头宽加上两只耳朵的宽度。

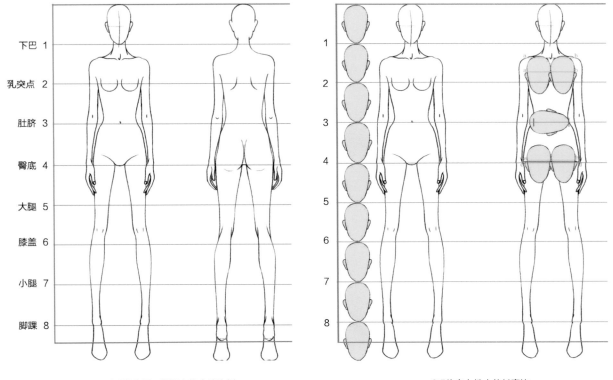

8.5头身正、背面女性人体比例　　　　　　　　　　　　8.5头身女性人体长宽比

2.2
不同角度的五官和头部的刻画

　　在绘制时装画中，除了学习人体比例以外，还应该学习人物的五官与头部的绘制方法。在人物头部刻画中，眼睛、鼻子、嘴巴、耳朵这些是表现的重点，对形象的塑造是极其重要的。本小节从这些方面入手，教大家化繁为简，逐一攻克人体五官的绘制方法，学会画出完整的男性、女性头像。

眼睛的表现

　　眼睛是人类感官中最重要的器官，想要画好眼睛就必须先了解眼睛的结构。眼睛由眼球、上眼睑、下眼睑、眼眶等组成。人的眼球呈球体，位于眼眶内，眼球凸出的外部由上、下眼睑所掩盖，眼睑呈弧形，黑色的瞳孔上有小而亮的高光，可以使眼睛更有神采。

双眼皮　　上睫毛
眼球　　瞳孔
内眼角
下眼睑

眼睛的结构

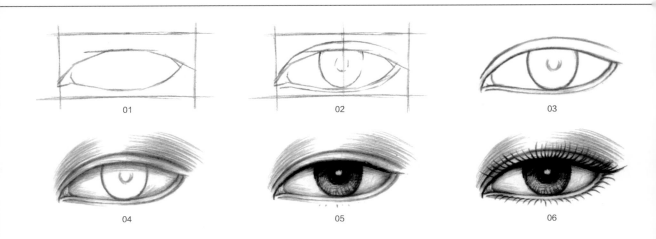

01　　02　　03

04　　05　　06

01 画一个横向的矩形，在此范围内画出眼睛的大概形状，类似于画一片叶子。

02 细化眼睛的结构，绘制出内眼角、双眼皮、下眼睑。在矩形的中线上画出眼球和瞳孔的形状。因为上眼皮包住眼球，所以眼球的上方被上眼睑遮挡，导致眼球上方不是圆弧形。

03 擦去辅助线，用干净流畅的线条绘制出眼睛的结构。

04 用铅笔绘制出眼睛的明暗关系，注意眼白也是有立体感的，上眼皮会在眼白上产生投影。

05 加深眼线、眼球、瞳孔，然后绘制出虹膜上的纹理特征，瞳孔的高光部分需要留白，表现出眼睛的光泽。

06 绘制上、下睫毛，睫毛呈放射状，上睫毛比下睫毛更长，外眼角处的睫毛相对更浓密。

◎ 不同角度的眼睛表现

鼻子的表现

　　鼻子包括山根、鼻梁、鼻头、鼻翼、鼻唇沟、鼻孔等部分。鼻子位于人物面部的正中位置，属于"三庭"中的第二庭，它是五官中最凸显的部位，立体感最强。

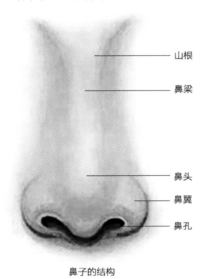

鼻子的结构

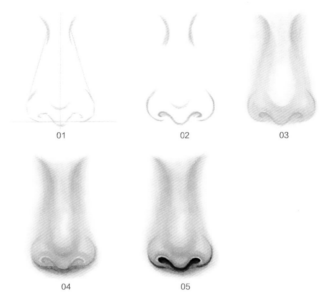

01

02

03

04

05

◎ 不同角度的鼻子表现

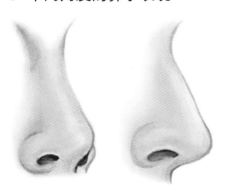

01 用直尺辅助画出一条横向的直线作为鼻底线，再画出一条与它垂直的线作为中轴线，然后绘制出上窄下宽的梯形。在此基础上绘制收紧的山根，接着根据中轴线绘制左右对称的鼻翼形状，注意鼻翼底部饱满，最后绘制出鼻头底部和鼻孔形状。

02 擦去辅助线，用流畅的曲线表现出鼻子的轮廓，注意鼻翼的形状比较饱满。

03 用清水稀释肤色，然后用浅浅的肤色绘制鼻子的底色，注意鼻梁部分的颜色最浅。

04 用肤色与少量的柠檬黄和大红调和，加深鼻梁两侧、鼻翼暗部和鼻子底部，鼻头部分需要根据它的结构进行绘制，然后加深鼻头的明暗交界线，塑造出饱满、圆润的形体。

05 在肤色里加入赭石色进行调和，然后用小号勾线笔蘸取颜色，勾勒鼻翼底部的形状。接着调和赭石色和棕色，绘制鼻孔，注意鼻孔的虚实关系。

嘴巴的表现

　　人的嘴大致包括上嘴唇、唇珠、唇中线、下嘴唇、嘴角等结构。

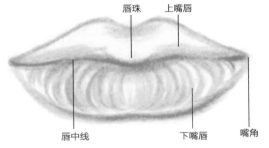

唇珠　　上嘴唇

唇中线　　下嘴唇　　嘴角

嘴的结构

在侧面可以发现嘴唇是有弧度的、立体的

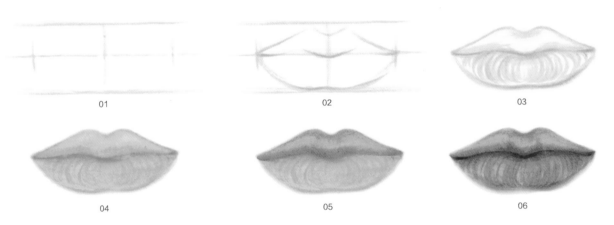

01

02

03

04

05

06

01 绘制3条平行的直线，然后在中间画出一条垂线，接着确定左右两侧对称的嘴角位置。

02 绘制出嘴唇的轮廓，注意唇峰的凹形。下嘴唇一般比上嘴唇更丰满。

03 擦去辅助线后，用柔和的线条绘制出嘴唇的形态，初步表现出嘴唇的明暗关系。

04 用大量清水稀释玫红，然后绘制出嘴唇的底色。

05 用玫红加深唇峰凹陷处、唇珠、上嘴唇与唇中线交界处，表现出上嘴唇的立体感。

06 用玫红加深下嘴唇边缘、下嘴唇与唇中线交界处，然后简单地绘制出下嘴唇的唇纹。接着用玫红与少量赭石色调和，加深唇中线，唇中线的左右嘴角处和中间颜色略深。

◎ 不同角度的嘴巴表现

耳朵的表现

　　耳朵位于头部两侧，左右耳朵基本对称。它由耳轮、对耳屏、耳屏、三角窝、耳垂等部分组成。耳朵在眉毛和鼻底水平线之间，属于中庭的位置。每个人耳朵的形状都有差异，耳朵外部轮廓区别较大，但形体结构变化很小，表现时需要把握好它的基本结构特征。绘制耳朵时，从最为概括的大形入手，然后深入地找出小形体。

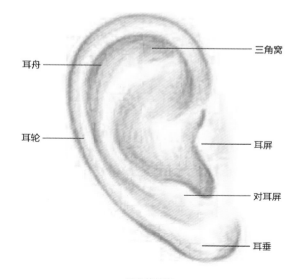

耳舟 ——

三角窝

耳轮 ——

耳屏

对耳屏

耳垂

耳朵的结构

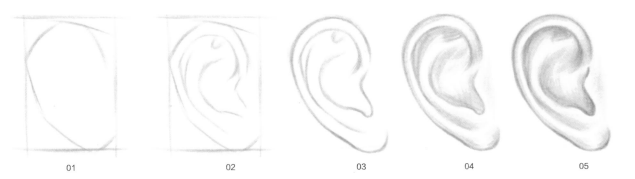

| 01 | 02 | 03 | 04 | 05 |

01 画出一个长方形，确定耳朵的长宽比例，用线力度较轻，以便于修改。耳朵的外部形状类似于上宽下窄的C形，上面是饱满的外轮廓弧线，下面是较窄的耳垂。

02 细分出耳朵的结构，顺着外轮廓线画一条与它平行的卷曲弧线，这是耳轮。耳屏和对耳屏的形状用曲线表示。

03 擦去辅助线，用清晰、流畅的线条绘制细节。

04 从耳朵的外轮廓入手进行刻画，简单地表示出耳轮和耳垂的厚度，然后用粗线条加深三角窝、耳舟和对耳屏的阴影，表现出耳朵的层次关系。

05 用较深的线条强调耳朵的外轮廓和内部转折处，加强耳朵的立体感。

◎ 不同角度的耳朵表现

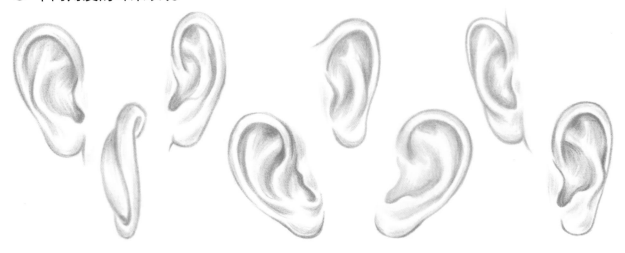

人物头像的表现

绘制人物头像时，需要注意"三庭五眼"的比例关系。

"三庭"指的是人脸的长度比例：从前额发际线至眉心，从眉心至鼻底，从鼻底至下颚，这3部分长度相等，各占脸部长度的1/3。

"五眼"指的是人脸的宽度比例，以一只眼睛的长度为单位，将脸的宽度平分为5份，从左侧发际线到右侧发际线，总长度为5只眼睛的长度。两只眼睛之间为一只眼睛的间距，左眼的外侧至左侧发际、右眼的外侧至右侧发际，各为一只眼睛的长度，这5份各占脸部宽度的1/5。

面部比例

一庭：发际线到眉心

二庭：眉心到鼻底

三庭：鼻底到下颚

五官的位置

眉毛位置：第一庭的底部

眼睛位置：头顶到下颚的1/2处

鼻子位置：占据第二庭

嘴巴位置：第三庭的1/3处

耳朵位置：眉心到鼻底之间

◎ 男性正面头像讲解

　　虽然男性在时装画中出现的比女性少，但是也需要掌握男性的特征，与女性进行对比，才能更好地凸显出不同性别的独特魅力。

01　　　　　02　　　　　03　　　　　04　　　　　05

01 用直尺辅助绘制一条垂直于上下纸边的中线，并平均成3份作为"三庭"。从发际线往上确定头顶的高度，占一庭的1/3。正面头部长宽比例约为3：2，根据头部长度确定好头部的宽度。用流畅的线条绘制出头部轮廓，头部整体形状类似于上面饱满、下面收拢的椭圆形。在头顶到下颚之间的1/2处，绘制一条横向的直线，确定出眼睛的位置。最后绘制出耳朵的范围。

02 确定眉头、眉峰、眉尾3个点，眉头到眉峰的长度比眉峰到眉尾的长度更长。根据"五眼"的比例关系确定眼睛的位置。鼻翼的宽度比一只眼睛的长度稍长，男性鼻子比女性宽。将第三庭平均分成3份，唇中线位于1/3处，男性嘴唇比女性稍薄，这样更能突出男性特征。

03 根据上一步确定的范围，绘制出男性的五官轮廓与耳朵的结构。确定出头发的发型，绘制出头发的轮廓线，注意偏分的刘海挡住一只眼睛的眼尾。

04 用细腻的线条表现眉毛，注意男性的眉毛比女性多。用流畅的曲线绘制出头发，额头前除刘海外再增添几缕随意的发丝，与外轮廓的碎发相呼应，以减少发型的沉闷感。

05 完善男性的五官结构，刻画出五官的细节，绘制出眼睛的瞳孔和睫毛，睫毛不宜过长。注意，刘海交叠处发丝更密集，耳朵处的头发用笔较重，以表现出头发的质感。最后绘制出一些飘散的碎发，使造型更加自然。

◎ 男性侧面头像讲解

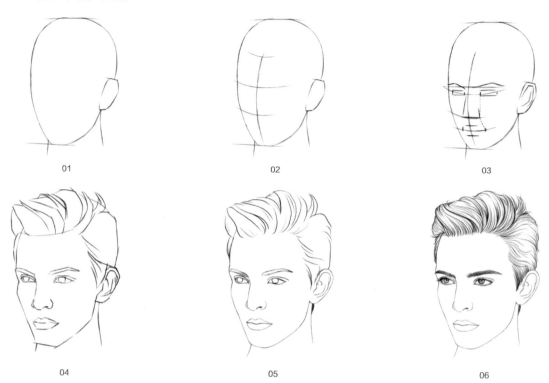

01   02   03

04   05   06

01 3/4侧面比正面更难表现，这个角度可以看见侧面的后脑轮廓。先画出一个上面饱满、下面收拢的椭圆形，然后确定一只耳朵的位置，顺势画出人物的脖子。

02 根据"三庭"的比例关系绘制出面部的透视线，侧面不同于正面，中线变成了随球体变化的弧线，因此发际线、眉毛连线、鼻底线是平行的弧线。

03 在中线上确定眉心点、鼻尖和嘴唇中点。因为是3/4侧面，所以眼睛和鼻翼都发生了透视变化，出现了近大远小的透视关系。只有把握好这些变化规律，才能准确地绘制出3/4侧面人物头像。

04 进一步绘制出人物五官，男性面部轮廓线的转折更加明显，要突出男性硬朗的特征。然后根据额头的发际线向上绘制出立挺的发型。

05 用流畅的线条绘制出男性面部的轮廓与五官。然后对头发进行大致分组，分组的面积应该有所区分，形成疏密对比。

06 完善男性的五官结构，用细腻的线条表现眉毛的质感，然后绘制出睫毛和瞳孔。接着细化头发的层次，鬓角处的头发更密集，用细腻的笔尖绘制出发丝的细节，头发交叠处颜色略深。

◎ 女性正面头像讲解

　　女性与男性相比，脸部轮廓线条没有那么明显。面部的五官没有男性那么深邃，反而有几分柔和。抓住这些特征，能够更好地进行区别。

01

02

03

04

05

01　用直尺辅助绘制出一条垂直于上下纸边的中线，然后平均分成3份。从发际线往上确定头顶的高度，占一庭的1/3。根据头部的长度确定头部的宽度，正面头部长宽比例约为3：2。用流畅的线条绘制出头部轮廓，头部整体形状类似于上面饱满、下面收拢的椭圆形。接着确定好耳朵的位置，耳朵不要超出第二庭的范围。

02　绘制眉毛时需要确定眉头、眉峰、眉尾3个点，眉头到眉峰的长度比眉峰到眉尾的长度更长。在头顶到下颚之间的1/2处绘制一条横向的直线，然后把这条直线平均分成5份，用于确定眼睛的位置；鼻翼的宽度比一个眼睛的长度稍长；接着将鼻底到下颚之间的距离平均分成3份，唇中线位于1/3处，下嘴唇比上嘴唇稍厚一点，这样更加能突出女性特征。

03　根据上一步确定的范围，绘制出女性的五官轮廓。根据发际线的位置绘制发型，先确定外轮廓，再绘制出头发的分组线条。

04　完善女性的五官结构，眉毛用细腻的线条表现，然后绘制出瞳孔。接着用流畅的线条绘制出头发的轮廓线，中间的头发从发际线处往头顶延伸，注意两侧的头发对耳朵的遮挡。

05　擦去多余的线条，细致刻画五官，上睫毛从上眼皮往上外翻，下睫毛方向朝下，长度不宜过长。接着绘制出每组头发之间相互穿插的关系，交叠处发丝更密集，注意头发的层次关系，以增强立体感。最后绘制出一些飘散的碎发，使造型更加生动，注意不宜太多。

◎ 女性侧面头像讲解

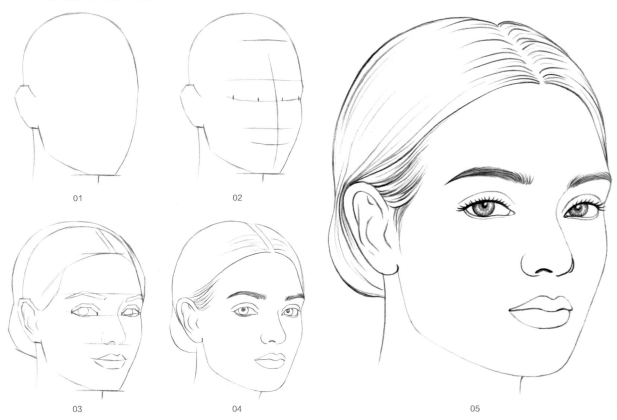

01

02

03

04

05

01 画出一个上面饱满、下面收拢的椭圆形，然后确定耳朵的位置，并顺势画出脖子。

02 根据"三庭"的比例绘制出面部的透视线，中线变成了随球体变化的弧线，注意眉心点、鼻尖、嘴唇中点都在这条中线上。因为是3/4侧面，所以眼睛和鼻翼都发生了透视变化，出现了近大远小的透视关系。只有把握好这些变化规律，才能准确地绘制出3/4侧面人物头像。

03 绘制人物五官轮廓，然后根据额头的发际线和后脑确定出女性的发型轮廓线。

04 用细腻的线条表现眉毛的质感，然后绘制出瞳孔，接着用流畅的线条绘制出头发的轮廓线，注意头发的中分点位于中线上。3/4侧面的头发从发际线处往耳朵处延伸，并在靠近面部处绘制一些流畅的碎发。

05 完善女性的五官结构，绘制出睫毛，然后细化头发的层次，注意，别在耳后的头发更密集，用笔尖绘制出发丝的细节。

◎ 不同角度的女性头像

2.3
不同角度的四肢和躯干的动态

　　头部能展现人物的外貌特征与气质，人体中的四肢与躯干决定了人物的动态与姿势。只有了解四肢与躯干的结构，才能更好地搭配出不同风格的服装。

手

　　手分为手掌与手指。手指的指关节呈弧形排列。手的姿态多种多样，绘制时需要注意角度与透视关系，角度不同会导致手指的长度不同。正常情况下手掌与手指长短接近。

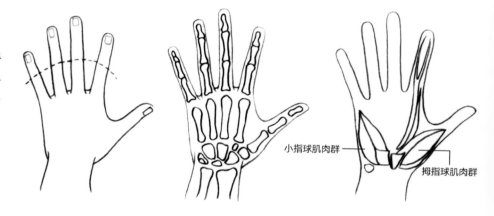

小指球肌肉群

拇指球肌肉群

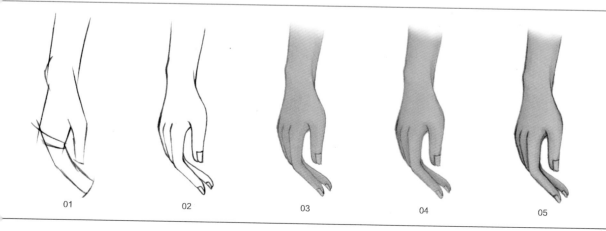

01　　　　02　　　　03　　　　04　　　　05

01 用铅笔起型，确定手腕、手背、手指的长度比例。

02 在起型的基础上细化手部形态，用流畅的线条绘制出手的结构，无名指和小拇指被遮挡住，因此可以省略。

03 用清水与肤色进行调和，绘制皮肤的第1层底色，手指甲处可以留白。

04 用肤色与少量大红和柠檬黄调和，加深手的暗部，区分手指之间的前后关系。

05 选择小号的水彩勾线笔，蘸取浅棕色，勾勒手的轮廓线，注意，凸起的转折处颜色略深。

◎　不同形态的手

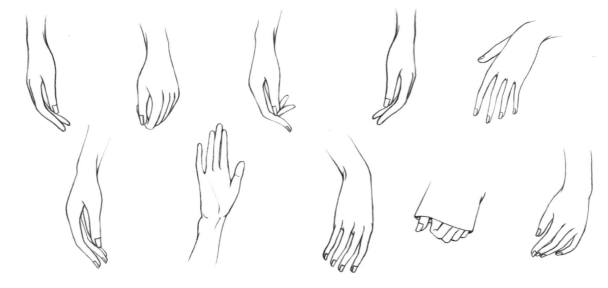

手臂

手臂是指人的上肢，肩膀以下、手腕以上的部位。

上肢主要由与胸腔相连的肩部、上臂和前臂3部分组成。

上肢肌肉群主要有：三角肌、肱二头肌、肱三头肌、肱桡肌、尺侧腕屈肌。

绘制手臂时，可以把它联想成几何形体，以方便理解。肩头、肘部、手腕类似球体，手臂为上粗下细的圆柱体，这样有助于确定手臂的结构。根据不同角度的透视关系绘制出微妙变化。女性手臂较男性而言更加圆润，绘制时线条应流畅柔和。

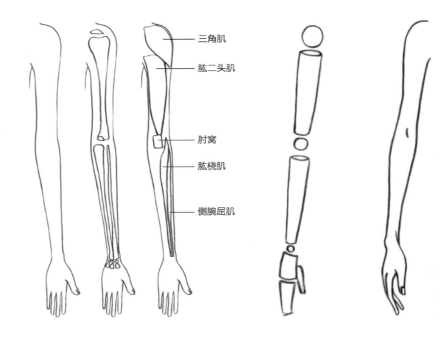

三角肌
肱二头肌
肘窝
肱桡肌
侧腕屈肌

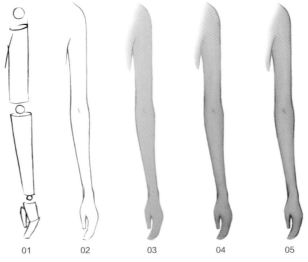

01　02　03　04　05

01 用几何体确定手臂的比例关系，上粗下细的圆柱体代表手臂，肩、肘、手腕用球体表现。

02 在上一步的基础上，绘制出手臂的肌肉线条，注意线条要流畅。手臂末端的手简单概括即可。

03 用肤色与清水调和，薄薄地平铺出手臂的第1层底色。

04 在肤色中混入少量大红和柠檬黄，然后用调和的颜色加深手臂两侧、肩头、肘部、手腕，要注意颜色过渡自然。

05 用小号勾线笔蘸取浅棕色，勾勒手臂的外轮廓线，使手臂结构更加明确。

◎ 不同形态的手臂

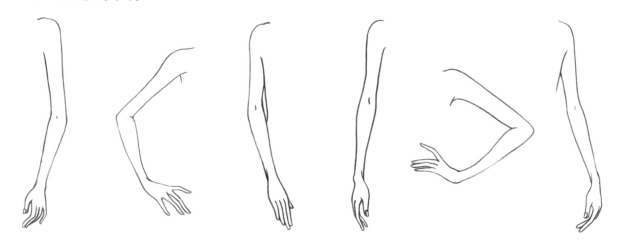

躯干

躯干指人体除头部、颈部、四肢外的躯体部分。躯干连接了头、手臂与腿。

躯干在时装画中起着很重要的作用，它的扭转变化，影响着人体动态与姿势。

绘制服装效果图时，可以把躯干理解成梯形的两大体块，分别是胸腔与盆腔。胸腔为倒梯形，盆腔为正梯形。身体处于正面直立时，躯干几乎不发生扭动，这时两个梯形处于正面的静止状态；身体微侧或正侧时，会发生扭动，这时两个梯形的角度与长短会发生变化，

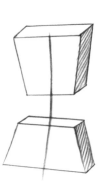

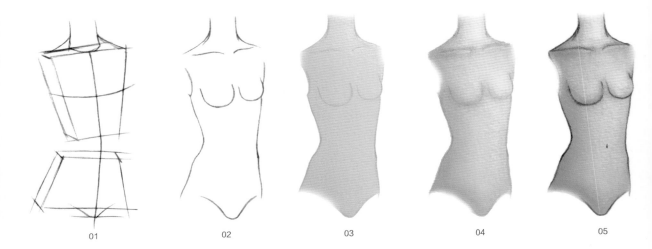

01 　确定躯干的扭转动态，然后用梯形表示出胸腔和盆腔，并在此基础上确定脖子与胸部的位置。

02 　根据梯形的比例，用流畅的线条绘制出躯干的形态，然后画出胸部，注意透视关系。

03 　用肤色与清水调和，绘制出躯干的第1层颜色。

04 　在肤色中混入大红和柠檬黄，继续加深脖子、锁骨、躯干的侧面与乳房的底部，塑造出立体感。

05 　用小号水彩勾线笔蘸取浅棕色，勾勒出躯干的轮廓、乳房的形状和肚脐。

腿

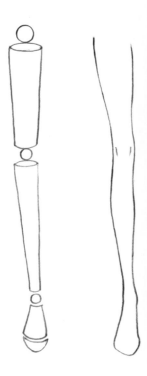

　　腿部支撑身体重量，它的运动范围相对于手臂而言较小。大腿与小腿两处的肌肉较发达，大腿正面有股直肌群，小腿后侧有腓肠肌，膝盖连接大腿与小腿。

　　绘制下肢时，可以先把髋骨部分的大转子、膝盖、脚踝用球体表示，大腿与小腿用圆柱体表示。用起伏相对平缓的线条绘制大腿肌肉，用饱满的曲线表现出小腿后侧的结构。在时装画中，女性腿部整体绘制应该较纤细，适当弱化膝盖处的结构，以表现出腿部修长的轮廓。

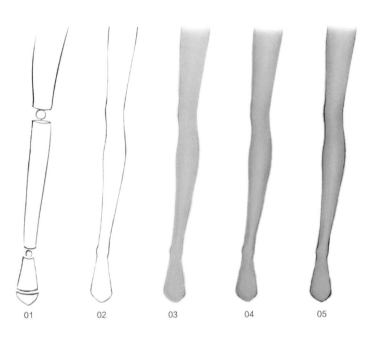

01　用铅笔大体概括出腿部的比例关系，用几何体表现结构。

02　在上一步的基础上，用流畅的线条绘制出腿部肌肉。

03　用肤色与清水调和，绘制出腿部的第1层颜色。

04　在肤色中加入少量大红和柠檬黄，然后加深腿的暗部和结构，以塑造出立体感。

05　用小号的水彩笔蘸取浅棕色进行勾线，勾勒出腿部转折处的线条，更加明确地塑造出腿部结构。

01　　　　02　　　　03　　　　04　　　　05

◎ 不同形态的腿

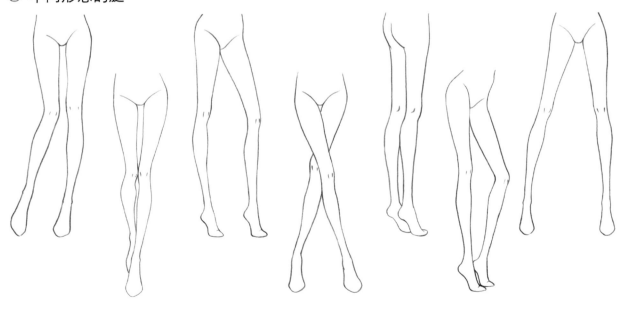

脚

因为时装画中的人物大部分都穿着鞋子，所以脚在时装画中不是表现的重点。绘制脚的时候，要注意它的透视关系。

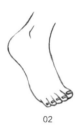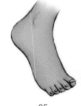

01　02　03　04　05

01 用铅笔画出脚的大体轮廓，确定出脚踝、脚跟、脚掌的比例。

02 用铅笔更加精准地绘制出脚的轮廓线与脚趾结构。

03 用肤色与清水调和，然后绘制出脚的皮肤色，脚趾甲留白即可。

04 在肤色中加入少量大红和柠檬黄，用调和后的颜色加深脚的暗部、脚踝、每根脚趾之间的缝隙，表现出立体感。

05 用小号勾线笔蘸取浅棕色，在脚部外轮廓的转折处进行勾线，同时区分每根脚趾的形态。

◎ 不同形态的脚

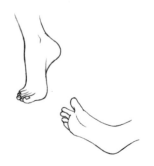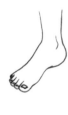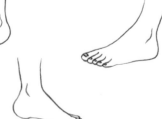

2.4
常见的人体姿势与动态

优美、适合的人体动态能更好地衬托出服装的设计特点。想绘制好服装效果图，就必须先掌握好人体动态。

在服装效果图中，采用较多的人体动态是直立与行走这两种。在这一节中，将教大家掌握人体动态规律，根据透视关系绘制出平稳、优美的姿态。

女性姿态的绘制

◎ 女性站立姿态讲解

01 用直尺辅助绘制一条垂直于上下纸边的重心线，然后把直线平分为9份，并确定好头部的位置。接着确定好肩与臀的位置关系，在肚脐眼处画一条圆弧线，确定手肘的位置，臀部左侧高于右侧，左侧腿支撑身体的重量，左侧脚应该落在重心线上。

02 根据肩与臀的辅助线绘制出胸腔与盆腔的几何形体，胸腔为倒梯形，盆腔为正梯形，然后用球体表示肩头、肘部、手腕、膝盖和脚踝，接着用圆柱体表示手臂与大小腿，左侧手在身体后被遮挡，右腿为弯曲的姿态。

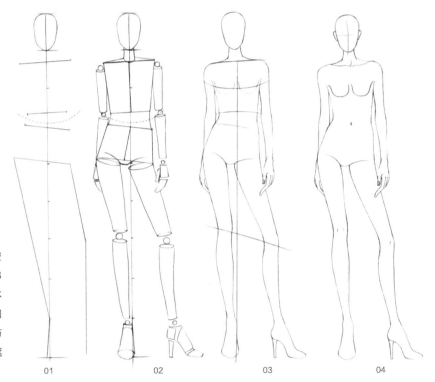

01　　　　02　　　　03　　　　04

03 在胸腔处根据乳突点的位置绘制出胸部，因为右侧腿是打开站立的姿势，所以能看见小腿肚与脚的侧面，根据几何形体绘制出人体轮廓线，并用光滑、流畅的曲线表现人体肌肉的美感。细化人的手指。

04 完善人体的耳朵、锁骨、膝盖等细节，然后擦掉多余的辅助线，保持画面干净、整洁。

◎ 女性行走姿态讲解

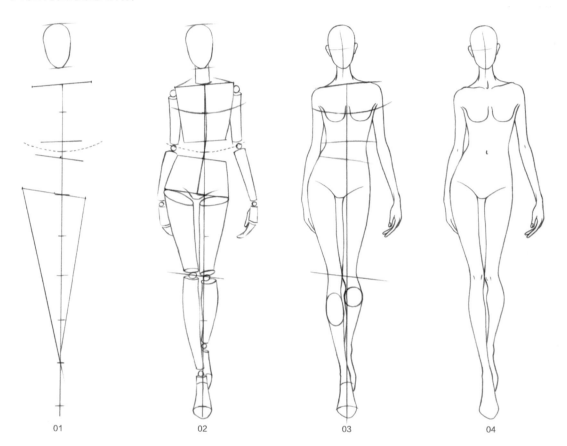

01　　02　　03　　04

01 用直尺辅助绘制出一条垂直于上下纸边的重心线，然后把直线平分为9份，并确定好头部的位置。接着确定好肩与臀的位置关系，在肚脐眼处画一条圆弧线，确定手肘的位置，臀部右侧高于左侧，左腿支撑身体的重量，所以左腿应该落在重心线上，保持人体稳定。

02 根据肩与臀的辅助线绘制出胸腔与盆腔的几何形体，胸腔为倒梯形，盆腔为正梯形，然后用球体表示肩头、肘部、手腕、膝盖和脚踝，接着用圆柱体表示手臂与大小腿，左侧膝盖高于右侧膝盖，确定好各部位的位置与比例关系。

03 在胸腔处根据乳突点的位置绘制出胸部。因为行走时腿部前后关系会有透视变化，所以用椭圆形球体表示前腿的小腿肚，后腿的则用球体表示。根据几何形体绘制出人体轮廓线，用光滑、流畅的曲线表现人体肌肉的美感。细化人的手指。

04 完善人体的锁骨、膝盖等细节，然后擦掉多余的辅助线，保持画面干净、整洁。

男性姿态的绘制

◎ 男性站立姿态讲解

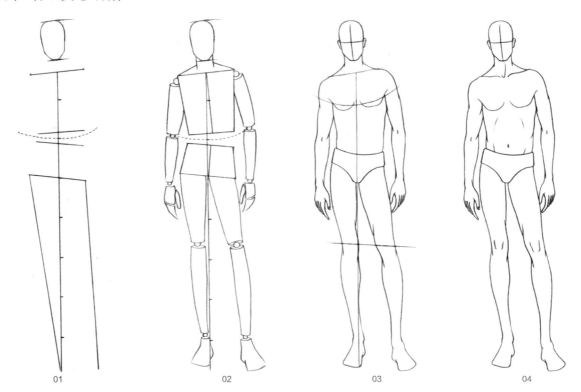

| 01 | 02 | 03 | 04 |

01 用直尺辅助绘制出一条垂直于上下纸边的重心线，然后把直线平分为9份，并确定好头部的位置。男性的肩宽于女性，接着确定好肩与臀的位置与方向，并在肚脐眼处画一条圆弧线，确定手肘的位置，臀部左侧高于右侧，左侧腿支撑身体的重量，左侧脚应该落在重心线上。

02 男性的腰没有女性那么纤细，根据肩与臀的辅助线绘制出胸腔与盆腔的几何形体，胸腔为倒梯形，盆腔为趋向于矩形的正梯形。用球体表示肩头、肘部、手腕、膝盖和脚踝，接着用圆柱体表示手臂与大小腿，男性的胳膊比女性更粗壮。

03 在胸腔处根据乳突点的位置绘制出胸部的位置，男性比女性的肌肉线条更明显，根据几何形体绘制出人体轮廓线，通过交错的线条表现男性肱二头肌与腿部结实的肌肉。细化人的手指。

04 完善人体的锁骨、胸部、膝盖等细节，然后擦掉多余的辅助线，保持画面干净。

◎ 男性行走姿态讲解

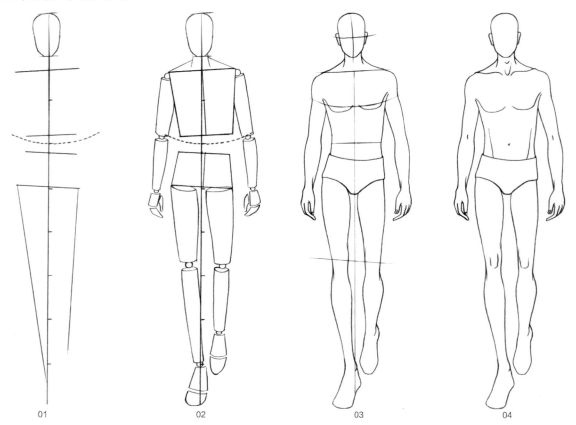

01　02　03　04

01 用直尺辅助绘制一条垂直于上下纸边的重心线，然后把直线平分为9份，并确定好头部的位置。男性的肩宽于女性，确定好肩与臀的位置与方向，接着在肚脐眼处画一条圆弧线，确定手肘的位置，臀部左侧高于右侧，左侧腿支撑身体的重量，左侧脚应该落在重心线上。

02 男性的腰没有女性那么纤细，根据肩与臀的辅助线绘制出胸腔与盆腔的几何形体，胸腔为倒梯形，盆腔为趋向于矩形的正梯形。用球体表示肩头、肘部、手腕、膝盖和脚踝，接着用圆柱体表示手臂与大小腿，男性的胳膊比女性更粗壮，右侧的小腿行走时会有透视关系，因此右侧脚会比左侧脚更长。

03 在胸腔处根据乳突点的位置绘制出胸部的位置。男性比女性的肌肉线条更明显，根据几何形体绘制出人体轮廓线，通过交错的线条表现男性胳膊与腿部结实健壮的肌肉。细化人的手指。

04 完善人体的锁骨、腹肌、肚脐、膝盖等细节，然后擦掉多余的辅助线，保持画面干净。

常用动态欣赏

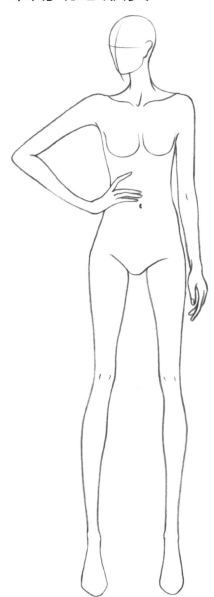
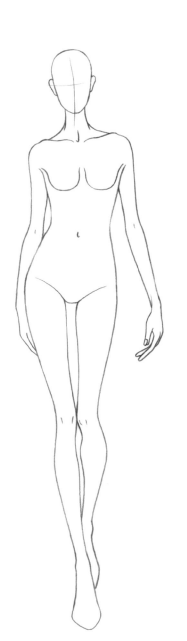
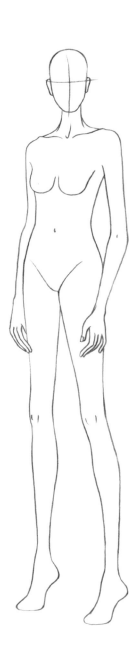

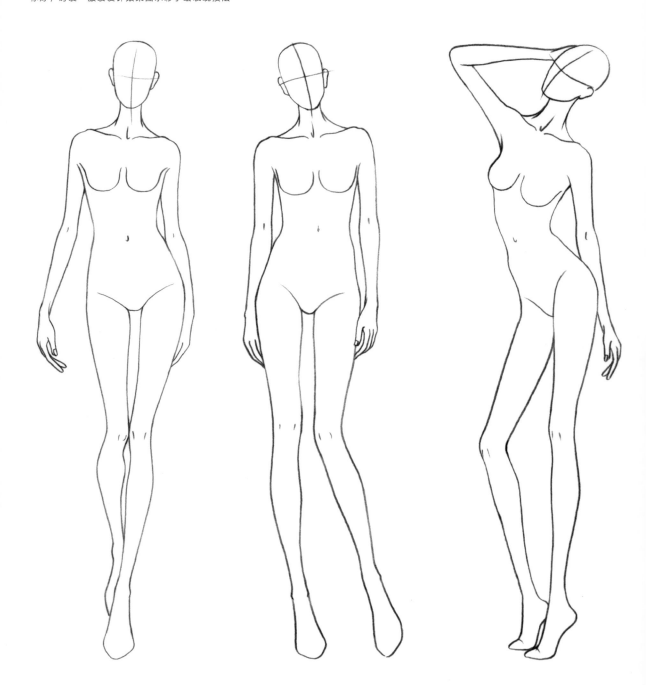

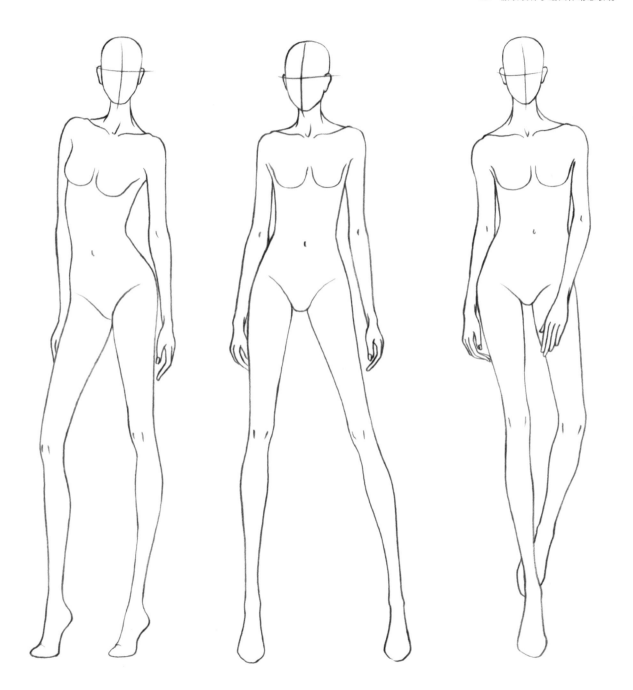

2.5
人体与服装的褶皱关系

　　服装穿在人体上，由于布料具有柔软性，它们之间会形成一定的空间。随着人体的运动，布料表面会产生千变万化的褶皱，这些褶皱表现出服装与人体的空间关系和人物着装效果。在服装效果图中，把握好这些关系，才能绘制出生动个性的服装，也能更好地展现服装之下的人体结构。本小节通过不同款式的领子、袖子、下装的展示，讲述人体与服装之间的关系。

领子

　　绘制服装中的领子时，需要把握好它与人体之间的微妙关系，抓住领子围绕脖颈的状态，服装与人体之间留有一定的空间，这样才是立体的，而非平面的线条。不同的领子形状对人体脖颈起到不同的修饰作用。

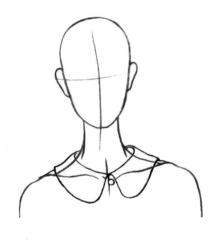

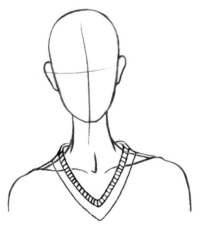

袖子

　　袖子有不同的长度与款式，搭配不同的服装会产生截然不同的效果。不同造型的袖子对人物胳膊也有不同的影响，绘制袖子时，除了需要把握袖子原本的造型，还需要注意它与手臂的关系。较长的袖子在人体运动时，胳膊会使袖子产生褶皱，要学会观察褶皱的方向与位置。

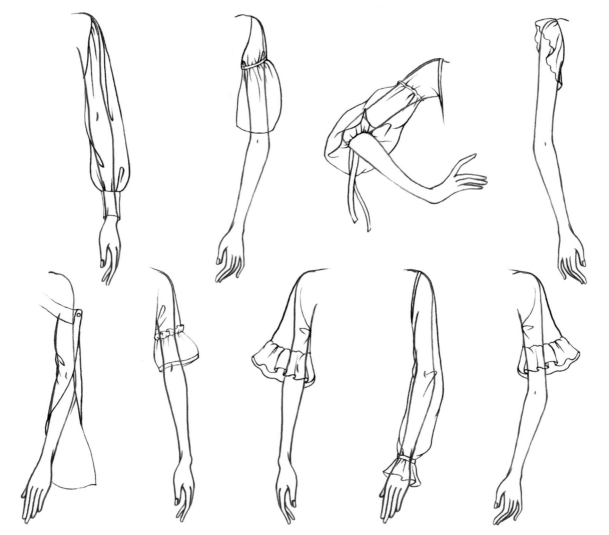

下装

　　绘制下装时，首先需要注意服装的腰头特征，正常情况下腰头位于肚脐附近，它对下装产生固定作用。下装中较为常见的款式是裤子和裙子。下装在臀部时需要紧随人体，到大腿时根据款式产生变化。当腿部运动时，裤子在裆部、膝盖处会产生褶皱，服装越紧身，产生的褶皱越多。裙子的褶皱会因为运动而发生方向的变化。

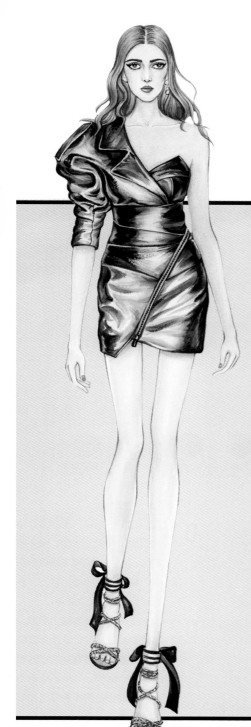

03

服装设计手绘
人物造型表现

3.1
不同风格的妆容表现

这一小节将教大家如何绘制不同风格的妆容。妆容是人物面部不可缺少的部分，风格独特的妆容搭配相应的服装时会增色不少。妆容的表现需要注意眼影与唇色的选择，不同颜色的眼影搭配不同的唇色，会产生丰富的样式。

复古风妆容

复古风妆容的眼影底色较浓郁，再搭配闪亮一点的眼妆，会显得更加精致。这种风格的妆容比较适合欧美人群。

工具材料

自动铅笔、获多福细纹300g水彩纸、吉祥颜彩、红胖子水彩笔、华虹水彩笔。

所用色彩

| 肤色 | 大红 | 柠檬黄 | 黑色 | 棕色 | 灰豆绿 | 深紫 | 熟褐 | 金色 | 玫红 | 赭石色 | 白色 |

01　用自动铅笔起稿，绘制出模特的五官、发型及饰品，线条要清晰、流畅。擦掉不必要的线条，保持画面干净、整洁，避免对后期上色产生影响。

02　上色之前先用画笔蘸上清水，将面部轻轻涂湿，这样可以使颜色过渡更加自然。调和肤色并平涂于面部、耳朵，绘制出皮肤的底色，初步表现出面部的立体感。

01　　　　　　　　　　　　　　02

03

04

05

03 将脖子处平涂肤色。待颜色半干时，用肤色与少量大红和柠檬黄调和，加深面部的眼窝、颧骨、鼻梁侧面、唇沟、下巴和耳朵位置，表现出五官的立体感，然后加深脖子的暗部。颜色晕染要自然，以体现皮肤光滑的特点。

04 用浅浅的黑色画出眉毛的底色，然后用小号勾线笔蘸取黑色，顺着眉毛的走向勾勒眉毛。注意眉头处的眉毛相较而言更稀疏，眉尾处的眉毛更密集、更细，颜色也更深。

05 用浅棕色加深眼白四周和眼角处，表现出眼白的立体感。调和灰豆绿绘制眼球的底色，注意留出高光部分，以体现眼睛的光泽。然后用灰豆绿与少量棕色调和，加深眼球周围和眼皮在眼睛上的投影。接着用黑色勾勒瞳孔，塑造出眼睛的立体感。

06 用中号勾线笔调和棕色与少量深紫，晕染眼影，注意眼影颜色和皮肤颜色的过渡应该柔和。用熟褐调和少量深紫，加深双眼皮处的眼影，使妆容更有层次。

06

你好，时装　服装设计效果图水彩手绘表现技法

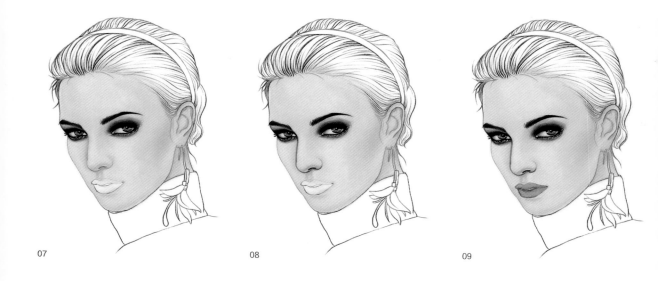

07

08

09

07 调和熟褐绘制双眼皮，并用同样的颜色勾勒下眼睑。用黑色根据睫毛生长的方向绘制出睫毛，睫毛的末端线条更细，用同样的颜色绘制眼线。接着用金色在下眼影的底色上绘制出闪亮的质感。用小号勾线笔蘸取白色点在金色上面。

08 用小号勾线笔蘸取棕色，勾勒出鼻子的轮廓结构。调和熟褐绘制鼻孔。

09 用玫红与清水调和，绘制出嘴唇的底色。用肤色与少量棕色调和，绘制出嘴唇的留白处。

10 用玫红调和大红进一步丰富嘴唇的色彩，加深上嘴唇与下嘴唇的边缘，表现出嘴唇的立体感。用赭石色加少量熟褐调和，勾勒唇中线与两边的嘴角。根据下嘴唇的唇纹方向，用白色绘制出下嘴唇的高光，这样可以使唇型更加饱满。

10

中国风妆容

中国风妆容大气而典雅，较少使用深色或彩色眼影，精致的眼线搭配红唇，简洁而不简单。

工具材料

自动铅笔、获多福细纹300g水彩纸、吉祥颜彩、红胖子水彩笔、华虹水彩笔。

所用色彩

肤色　　大红　　柠檬黄　　棕色　　熟褐　　黑色　　玫红　　赭石色　　白色

01　　　　　　　　　　　　　　　　　02

01 用自动铅笔绘制出模特的五官、发型和饰品等，线条要清晰、流畅，注意保持画面干净、整洁。

02 上色之前先用画笔蘸上清水，将面部轻轻涂湿，以便于颜色过渡更加自然。调和肤色并平涂于面部、耳朵和脖子处，绘制出皮肤的底色，初步表现出面部的立体感。

03 待颜色半干时，用肤色与少量大红和柠檬黄调和，加深面部的眼窝、左边颧骨、鼻梁侧面、唇沟、下巴、耳朵，以及面部在脖子上产生的投影，表现出五官的立体感。颜色晕染过渡要自然，以体现出皮肤光滑的特点。

04 用浅棕色画出眉毛的底色，然后用小号勾线笔调和棕色与少量熟褐，并顺着眉毛的走向勾勒出眉毛。注意眉头处的眉毛相较而言更稀疏，眉尾处的眉毛更密集、更细，颜色也更深。

05 用浅棕色加深眼白四周与眼角，表现出眼白的立体感。调和棕色并绘制出眼球的底色，注意留出高光部分，以体现出眼睛的光泽。用黑色勾勒瞳孔与细长的眼线，表现出东方女性眼睛的特色。用浅棕色绘制下睫毛。

06

07

08

06 用小号勾线笔蘸取棕色，勾勒出鼻翼和鼻头的轮廓结构，然后调和熟褐并绘制鼻孔的形状。

07 用玫红、大红与清水调和，绘制出嘴唇的底色。

08 用玫红调和大红进一步丰富嘴唇的色彩，加深上嘴唇与下嘴唇的边缘，以表现出嘴唇的立体感。用赭石色加少量棕色调和，勾勒唇中线与两边的嘴角。接着根据下嘴唇的唇纹方向，用白色绘制出下嘴唇的少许高光，增强嘴唇的立体感。

暗黑风妆容

暗黑风妆容的眼影位置不同于复古风，要将眼影晕染在眼睛四周，深色的唇妆是暗黑风妆容的独特之处。

工具材料

自动铅笔、获多福细纹300g水彩纸、吉祥颜彩、秋宏斋毛笔、华虹水彩笔。

所用色彩

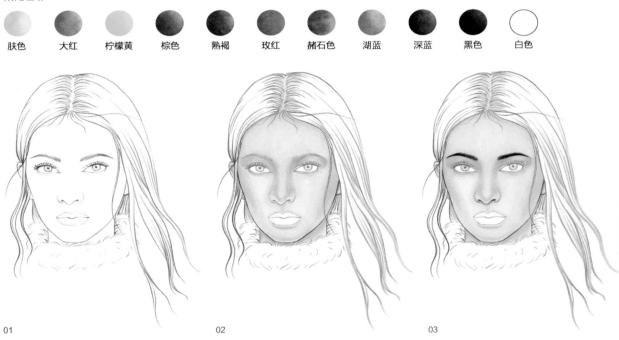

| 肤色 | 大红 | 柠檬黄 | 棕色 | 熟褐 | 玫红 | 赭石色 | 湖蓝 | 深蓝 | 黑色 | 白色 |

01   02   03

01 用自动铅笔起稿，绘制出模特的五官和发型等细节，注意保持画面干净、整洁，线条要流畅、清晰。

02 上色之前先用画笔蘸上清水，将面部轻轻涂湿，这样可以使颜色过渡更加自然。调和肤色并平涂于面部、耳朵和脖子处，绘制出皮肤的底色。待颜色半干时，用肤色与少量大红和柠檬黄调和，加深眼窝、颧骨、鼻梁、唇沟、下巴和脖子处，表现出五官的立体感。颜色晕染过渡要自然，以体现出皮肤光滑的特点。

03 用棕色画出眉毛的底色，切记边缘不要太生硬、死板。用小号勾线笔蘸取熟褐，顺着眉毛的走向勾勒眉毛。注意眉头处的眉毛相较而言更稀疏，眉尾处的眉毛更密集、更细，颜色也更深。

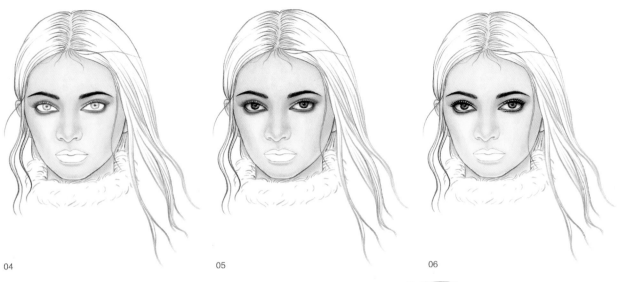

04   05   06

04 用中号水彩笔调和玫红并晕染上下眼影。用玫红调和少量赭石色，加深眼睑处的眼影，使眼影更有层次。

05 用浅棕色加深眼白的四周与眼角，表现出眼白的立体感。调和湖蓝并绘制眼球的底色，注意留出高光部分。接着用湖蓝与少量深蓝调和，加深眼球周围和眼皮在眼睛上产生的投影。用黑色勾勒瞳孔，塑造出眼睛的立体感。

06 用棕色与赭石色调和并绘制双眼皮，用同样的颜色勾勒下眼睑。用黑色根据睫毛生长的方向绘制出睫毛，注意睫毛的末端线条更细。用黑色绘制眼线，接着用赭石色绘制出下睫毛，注意下睫毛比上睫毛更短。

07 用小号勾线笔蘸取棕色，勾勒鼻翼。然后用熟褐与黑色调和，绘制鼻孔。

07

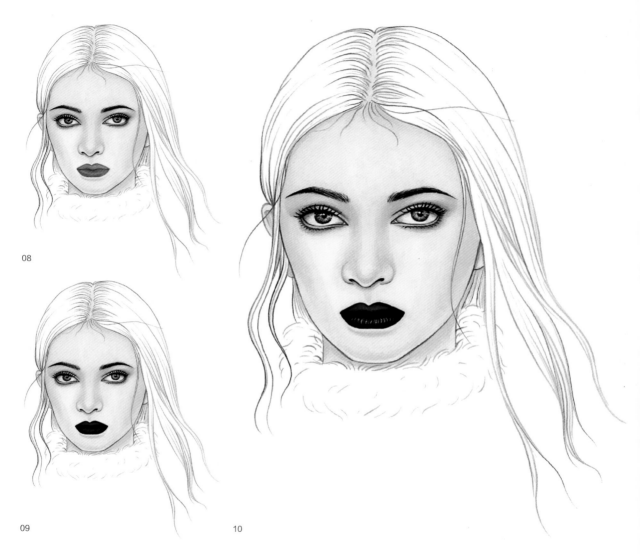

08 用大红与清水调和，绘制出嘴唇底色。

09 用赭石色调和大红，进一步丰富嘴唇的色彩，加深上嘴唇与下嘴唇的边缘，以表现出嘴唇的立体感。

10 用熟褐加少量黑色调和，勾勒唇中线与两边的嘴角。根据下嘴唇的唇纹方向，用白色绘制出下嘴唇的高光，这样可以使唇型更加饱满。

3.2
人物造型的综合表现

　　人物造型这一节包含了男性、女性完整的头部塑造，集合了五官妆容与头发造型。下面教大家如何完整地绘制出不同特征的人物。

靓女造型

工具材料

自动铅笔、宝虹细纹300g水彩纸、吉祥颜彩、红胖子水彩笔、华虹水彩笔。

所用色彩

| 肤色 | 大红 | 柠檬黄 | 赭石色 | 棕色 | 熟褐 | 深蓝 | 湖蓝 | 黑色 | 白色 | 土黄 |

01

02

01 用自动铅笔起稿，根据"三庭五眼"的比例关系，用流畅的线条将模特的五官结构和发型描绘清晰，再绘制出耳朵上的饰品。注意线条要清晰、流畅，画面要干净、整洁。

02 上色之前先用画笔蘸上清水，将面部轻轻涂湿，以使颜色过渡更加自然。调和肤色并平涂面部、耳朵和脖子等外露的皮肤，并根据面部结构，初步绘制出面部的立体感。

03

04

05

06

03 待颜色半干时，用肤色与少量大红和柠檬黄调和，加深面部的眼窝、颧骨、鼻梁暗部、耳朵结构转折处、锁骨处，以及面部在脖子上产生的投影。在调和好的颜色里加入少量赭石色，加深面部与脖子交界处，用小号勾线笔勾勒鼻子、耳朵的细节处，让人物更加立体。

04 用棕色画出眉毛的底色，然后用小号勾线笔蘸取熟褐，顺着眉毛的走向勾勒眉毛。注意眉头处的眉毛相较而言更稀疏，眉尾处的眉毛更密集、更细，颜色也更深。

05 用深蓝色与清水调和，晕染眼睛四周，绘制出眼妆的颜色。

06 用湖蓝加深眼白四周与眼角，这样可以使眼白更有立体感。调和湖蓝并绘制眼球的底色，注意留出高光部分，体现出眼睛的光泽。用黑色勾勒瞳孔与眼球周围，塑造出眼睛的立体感觉。用熟褐与黑色调和，绘制双眼皮，再用棕色勾勒下眼睑。用黑色根据睫毛生长的方向，绘制出睫毛，并用同样的颜色绘制出眼线。

07

08

09

07 用小号勾线笔蘸取熟褐加深鼻孔。然后用大红与清水调和，绘制出嘴唇的底色。

08 用大红与赭石色调和，加深上嘴唇与下嘴唇的边缘，表现出嘴唇的立体感。用赭石色加少量熟褐勾勒唇中线与两边的嘴角。接着根据下嘴唇的唇纹方向，用白色绘制出下嘴唇的高光。

09 用棕色、赭石色与大量清水调和，薄薄地绘制头发的底色，注意根据发型的走向运笔。

10 调和棕色与熟褐，加深头发暗部，表现出头发的层次感。用小号勾线笔顺着头部的结构，并根据头发的层次勾勒发丝暗部。用清水稀释白色，勾勒少许亮部的发丝，绘制出头发的质感。

10

11

12

13

11 进一步细化披散的头发，也采用相同的画法上色，注意靠近脖子的头发颜色略深。用水彩笔蘸取熟褐，用罩色法加深头发颜色，这样可以使头发整体更加协调。

12 用浅棕色绘制耳饰上的珍珠暗部，注意留出白色高光。用较浅的土黄绘制耳饰上的金属材质，暗部用棕色加深。调和湖蓝绘制耳饰上的叶子形状，然后用白色点缀一下。

13 用肤色与少量浅棕色调和，绘制胸前服装的底色。用熟褐与清水调和，绘制服装上的纹样，接着用黑色勾勒服装边缘的轮廓，注意线条要灵动、自然。

型男造型

工具材料

自动铅笔、获多福细纹300g水彩纸、吉祥颜彩、红胖子水彩笔、华虹水彩笔。

所用色彩

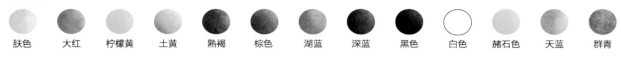

| 肤色 | 大红 | 柠檬黄 | 土黄 | 熟褐 | 棕色 | 湖蓝 | 深蓝 | 黑色 | 白色 | 赭石色 | 天蓝 | 群青 |

01　　　　　　　　　　　　02　　　　　　　　　　　　03

01 根据"三庭五眼"的比例关系，用自动铅笔绘制出五官结构和发型，然后绘制出服装的衣领，注意衣领包裹住脖子的状态。画面的线条要清晰、流畅，整体画面要干净、整洁，以便后期着色。

02 上色之前先用画笔蘸上清水，将面部轻轻涂湿，以使颜色过渡更加自然。调和肤色并平涂于面部、耳朵和脖子处，绘制出皮肤的底色，初步表现出面部的立体感。

03 待颜色半干时，用肤色与少量大红和柠檬黄调和，加深面部的眼窝、颧骨、鼻梁侧面、唇沟、下巴、耳朵，以及面部在脖子上产生的投影，表现出五官的立体感，注意颜色晕染过渡要自然，体现出皮肤光滑的特点。用小号勾线笔蘸取赭石色，勾勒面部转折处，可以让人物更加立体。

你好，时装 服装设计效果图水彩手绘表现技法

04

05

06

07

04 用棕色画出眉毛的底色，然后用小号勾线笔蘸取熟褐，顺着眉毛的走向勾勒眉毛。注意眉头处的眉毛相较而言更稀疏，颜色较淡，眉尾处的眉毛更密集，颜色比眉头深。

05 用浅棕色加深眼白的四周与眼角，这样可以使眼白更有立体感。调和湖蓝并绘制眼球的底色，注意留出高光部分，以体现出眼睛的光泽感。用湖蓝与少量的深蓝色调和，加深眼球周围和眼皮在眼睛上产生的投影。用黑色勾勒瞳孔，塑造出眼睛的立体感。

06 调和熟褐并绘制双眼皮。用棕色勾勒下眼睑，用黑色根据睫毛生长的方向，绘制出上眼睫毛，并用同样的颜色绘制出眼线。用赭石色绘制下眼睫毛。

07 用肤色与少量赭石色调和，刻画出鼻头的体积。用小号勾线笔蘸取棕色，勾勒出鼻翼底端。用熟褐与少量黑色调和，绘制鼻孔。

08

09

10

08 用大红与清水调和，绘制出嘴唇的底色。注意男士唇色相较女性而言没有那么鲜艳。

09 用大红与赭石色调和，加深上嘴唇与下嘴唇边缘，表现出嘴唇的立体感。用赭石色加少量熟褐调和，勾勒唇中线与两边的嘴角。根据下嘴唇的唇纹方向，用白色绘制出下嘴唇的高光。

10 用大量清水稀释土黄，薄薄地绘制出头发的底色，注意根据发型的走向运笔。

11 用土黄与熟褐调和，加深头发暗部，表现出层次感。

11

12

13

14

15

12 用小号笔蘸取熟褐，根据头发层次勾勒发丝暗部，注意线条要流畅，绘制出发丝的质感。用白色勾勒出不同方向的发丝，打破深色的沉闷感。

13 给衬衫上色之前用毛笔蘸取清水，将服装轻轻涂湿，然后调和天蓝并绘制衬衫的基本色。

14 用湖蓝加深衬衫的暗部，表现出服装的基本立体感，注意颜色的过渡要自然，切记不要留下明显的水痕。待颜色干透之后，用勾线笔蘸取少量群青，勾勒出衬衫的轮廓。

15 调和土黄并绘制外套的基本色，再加入少量棕色，绘制出衣领的结构效果，完成型男造型的绘制。

04

服装单品手绘表现

4.1
夹克

　　夹克是一种男女都能穿的短外套，由于它造型简单轻便，活泼而富有朝气，深受人们的喜爱。夹克长度一般在腰线之上，采用翻领、对襟设计，既可以单件穿，也可以套装穿，方便人们活动与工作，因此成为人们现代生活中最常见的服装之一。在绘制夹克时，需要注意它的长短比例、服装领子与口袋等细节。

工具材料
自动铅笔、宝虹细纹300g水彩纸、吉祥颜彩、国产毛笔、华虹水彩笔。

所用色彩

肤色　　棕色　　赭石色　　熟褐　　白色　　黑色

01

02

03

04　　　　　　　　　　　05　　　　　　　　　　　06

01 用自动铅笔起稿，先绘制出人体脖颈，然后在此基础上绘制出夹克造型与口袋细节，要注意线条流畅、自然，画面干净、整洁。

02 上色之前先用画笔蘸上清水，将脖子轻轻涂湿，这样可以使颜色过渡更加自然。调和肤色并绘制出皮肤颜色，接着用棕色绘制出内搭服装的暗部，注意亮部留白。

03 蘸取赭石色并平涂夹克，作为底色。

04 调和赭石色与熟褐，加深夹克暗部，以及领子在服装上产生的投影。

05 调和白色，绘制出夹克上的高光，注意高光的位置和形状。

06 用小号勾线笔蘸取白色，点缀高光，勾勒出领子与口袋的形状，注意颜色要饱满。

07 用熟褐与黑色调和，调整夹克整体的关系，使服装面料质感更加强烈。

07

4.2
风衣

风衣是一种防风的薄款大衣，适用于春、秋、冬季时外出穿着，它与大衣在造型上类似，拥有明显的腰身，下摆比较宽，整体造型比大衣更灵活简洁、变化丰富。由于风衣具有美观实用、携带方便等特点，不仅被年轻人所喜欢，而且老年人也爱穿。绘制风衣时，需要注意腰带的位置对上下身材比例的区分，要刻画纽扣、口袋、袖口等细节。

工具材料

自动铅笔、获多福细纹300g水彩纸、吉祥颜彩、秋宏斋秀意毛笔、华虹水彩笔。

所用色彩

肤色　橘黄　土黄　柠檬黄　棕色　朱红色　黑色

01　　　　　　　　　　　02　　　　　　　　　　　03

04

05

01 用自动铅笔起稿，绘制出风衣的长短比例，然后在此基础上绘制出风衣造型、腰带、纽扣等细节，注意线条要流畅、自然，画面要干净、整洁。

02 用肤色与大量清水调和，用较浅的肤色绘制袖子、领子和腰带处，然后用橘黄绘制风衣其他区域。

03 用橘黄与土黄调和，加深左侧风衣的暗部、腰部的褶皱和领子的投影。然后用柠檬黄与肤色调和，绘制风衣的袖子。

04 右侧的画法和左侧相同，注意风衣门襟之间的关系。用小号勾线笔蘸取棕色，勾勒出风衣的两个口袋及轮廓。

05 用肤色与少量橘黄、朱红进行调和，加深风衣袖子、腰带与领子的暗部，增强立体感。用小号勾线笔蘸取棕色，勾勒风衣的轮廓与腰带，使风衣结构更加明确。用黑色绘制出风衣上的纽扣。

4.3
羽绒服

　　羽绒服用尼丝纺作为表面面料，里面填充羽绒作为絮料，它具有重量轻盈、质地柔软、保暖能力强等特点。绘制羽绒服时，需要注意刻画出羽绒服上的缝纫线，表现出羽绒服蓬松的立体感。

工具材料
自动铅笔、获多福细纹300g水彩纸、吉祥颜彩、华虹水彩笔。

所用色彩

玫红　　赭石色　　黑色

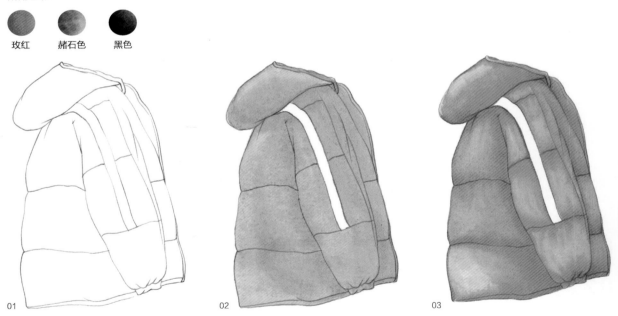

01　　　　　　　　　　　02　　　　　　　　　　　03

01 用自动铅笔起稿，先确定好羽绒服侧面的长宽比例，再用流畅的线条绘制出羽绒服的形态与细节，注意画面要干净、整洁。

02 上色之前先用画笔蘸上清水，将羽绒服轻轻涂湿，这样可以使颜色过渡更加自然。用玫红与大量清水调和，平涂于羽绒服表面面料区域，绘制出底色，袖子上的细节部分注意留白。

03 用玫红绘制羽绒服的暗部，与上一步的颜色形成深浅区分，表现出服装的立体感。

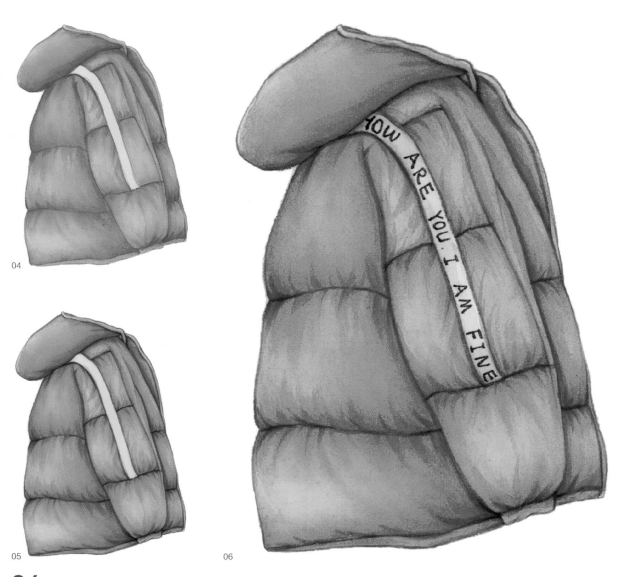

04 调和饱和的玫红，根据羽绒服的分割线，绘制出分割线上下的褶皱，注意用笔方向，要根据服装形体的变化而变化。

05 调和玫红与赭石色，用小号勾线笔蘸取颜色，勾勒出羽绒服的分割线与外轮廓，注意处理好袖子与服装的关系。

06 绘制羽绒服袖子上的细节，用较浅的玫红绘制出带子的暗部，等颜色干后，蘸取黑色，用勾线笔勾勒出字母。

4.4
半裙

　　半裙是指裙子长度只有普通裙长的一半左右，一般半裙的长度到膝盖位置。半裙的款式多种多样，有直筒修身的牛仔半裙、宽松的喇叭半裙，也有帅气的皮质半裙、学院风的格纹半裙。该案例为牛仔质地的直筒半裙，它具有修身的效果，底部随意的毛边肌理增添了几分时尚感，在绘制时需要注意表现出牛仔的质地与服装的细节。

工具材料

自动铅笔、获多福细纹300g水彩纸、吉祥颜彩、华虹水彩笔。

所用色彩

天蓝　　湖蓝　　群青　　深蓝　　白色

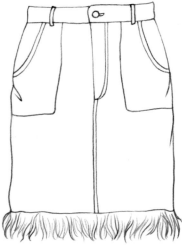

01

02

03

04

05

06

01 用自动铅笔起稿，先确定好半裙的长宽比例，再用流畅的线条绘制出半裙的形态与细节，注意画面要保持干净。

02 上色之前先用画笔蘸取清水，将半裙轻轻涂湿，使颜色过渡更加自然。调和天蓝并平涂半裙，绘制出底色。

03 用天蓝与少量湖蓝调和，继续加深半裙的暗部，塑造出服装的立体感。

04 用湖蓝与少量群青调和，切记水分要少，用平头笔蘸取颜色，干扫出牛仔面料的质感。

05 用小号勾线笔蘸取深蓝色，勾勒出半裙边缘的线条，刻画出口袋的细节。

06 用白色继续刻画牛仔半裙的细节部分，使服装结构更加明确。

07 用群青勾勒线条边缘，绘制半裙底部的细碎线条，注意底部颜色略重。

07

4.5
百褶裙

百褶裙有短款、中长款和长款3种类型。长款百褶裙华丽大气，但是成熟的风格让人不易亲近；中长款百褶裙有复古的韵味，但是对身材比例要求高；短款百褶裙能够展露性感迷人的大长腿，因此成为众多女性的选择。短款百褶裙款式众多，优雅且百搭。绘制百褶裙时，注意区分褶皱的丰富层次，细腻地刻画出裙子上的图案和花纹。

工具材料

自动铅笔、获多福细纹300g水彩纸、吉祥颜彩、华虹水彩笔。

所用色彩

棕色　　群青　　熟褐

01　　　　　　　　　　　02　　　　　　　　　　　03

01 用自动铅笔起稿，先确定好褶皱裙的长宽比例，然后用流畅的线条绘制出裙子的形态与褶皱细节，注意画面要干净、整洁。

02 上色之前先用画笔蘸取清水，将裙子区域轻轻涂湿，使颜色过渡更加自然。调和浅棕色，根据裙子褶皱关系，绘制出裙子的底色，注意亮部留白。

03 调和棕色，继续加深裙子的暗部，塑造出裙子的立体感。

04

05

07

06

04 用小号勾线笔蘸取棕色，绘制出褶皱密集处的层次关系，勾勒出裙子的轮廓。

05 用群青与清水调和，绘制出裙子上的碎花，用笔随意，注意虚实关系。

06 用群青加深暗部碎花，使花朵在裙子上更加生动。

07 用棕色与熟褐调和，调整裙子的褶皱关系，使裙子整体更加完善。

4.6
鱼尾裙

　　鱼尾裙在腰部、臀部及大腿中部呈合体造型，从膝盖往下逐步放开，下摆会展成鱼尾状。开始展开鱼尾的位置及鱼尾展开的大小可根据个人需要而定。鱼尾裙能够凸现女性优雅的线条，恰到好处的裁剪可以展现女性修长的体形，使纤细的腰肢与撑起的胯部形成对比。绘制鱼尾裙时，需要表现出女性身材的线条与裙摆的质感。

工具材料
自动铅笔、宝虹细纹300g水彩纸、吉祥颜彩、秋宏斋秀意毛笔、华虹水彩笔。

所用色彩

 嫩绿　 灰豆绿　 草绿　 熟褐

01

02

03

01 用自动铅笔绘制线稿，先确定好胸部与臀部的位置，然后在此基础上绘制出长裙包裹身体的形态，裙摆自然散开，注意绘制的线条要流畅，画面要干净、整洁。

02 用嫩绿与大量清水调和，用较浅的嫩绿绘制裙子的底色。

03 调和饱和的嫩绿来加深裙子的暗部，塑造出胸部的立体感与裙摆的层次。

04 在嫩绿中加入少量灰豆绿调和，继续加深裙子的暗部，注意表现底摆的空间感。

05 在上一步的颜色里加入少量草绿，然后用小号勾线笔勾勒出整条裙子上的叶子，暗部的叶子颜色略深，注意叶子图案的疏密关系。

06 用灰豆绿与熟褐调和，勾勒裙子的轮廓并加深暗部，使裙摆的层次更加明确。

06

04

05

4.7
裤子

　　裤子泛指人穿在腰部以下的服装，一般由一个裤腰、裤裆与两条裤腿缝纫而成，起到保暖、御寒的作用。裤子拥有各种各样的机能性与设计，裤子前片的设计也根据穿着目的而不同，例如活褶的有无与多少等。绘制裤子时，需要表现裤子的褶皱与结构，同时刻画腰头、裤裆等细节。

工具材料
自动铅笔、宝虹细纹300g水彩纸、吉祥颜彩、红胖子水彩笔、华虹水彩笔。

所用色彩

天蓝　　湖蓝　　群青　　深蓝　　黑色

01　　　　　　　　　　　　02　　　　　　　　　　　　03

01 用自动铅笔绘制线稿，先确定好腰与膝盖的位置，然后在此基础上绘制出人物走动时穿裤子的形态，注意线条要流畅，画面要干净、整洁。

02 用画笔蘸取清水，将裤子轻轻涂湿，使颜色过渡更加自然。调和天蓝进行平涂，绘制出裤子的底色。

03 用天蓝与少量湖蓝进行调和，绘制裤子的暗部，表现出大体的明暗关系。

04 用湖蓝与少量天蓝调和，继续加深裤子的褶皱与暗部，使裤子的立体感更加明显。

05 因为行走时小腿抬起，会形成阴影，所以蘸取群青，加深画面中裤子左侧膝盖以下的阴影并刻画整条裤子的暗部细节。

06 用小号勾线笔蘸取深蓝色，勾勒出裤子的外轮廓线与裤缝线等细节，然后用黑色绘制出纽扣。

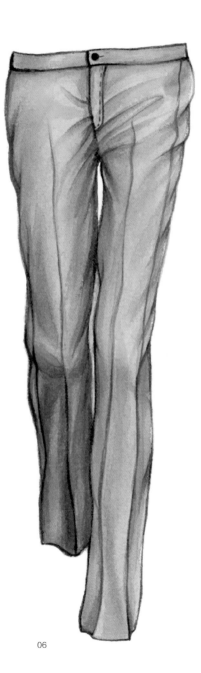

04

05

06

05

服装配饰手绘表现

5.1
包

　　包即手袋箱包，包括钱包、钥匙包、手提包、挎包、背包、公文包等。包的样式大致分为单肩、双肩、斜挎和手拎包等；制作包的常见面料有皮革和布艺，如牛皮、羊皮、猪皮、PVC、帆布、牛仔、棉等材料。包不仅用于存放私人用品，还能体现一个人的身份、地位、经济状况等。精心挑选的包具有画龙点睛的作用，它能起到很好的装饰效果。

皮革手袋

　　皮革材质的手提包是女性必备的物品之一，一款面料优良的包不仅非常实用，还能体现女性的品位与身份，展现大气而优雅的气质。在绘制皮革手袋时，需要注意包的体积大小与面料特征。

工具材料

自动铅笔、康颂细纹300g水彩纸、史明克24色固体水彩、华虹水彩笔。

所用色彩

朱红　　大红　　赭石色　　玫红　　柠檬黄

01

02

01 用自动铅笔起稿，先确定好手提包的长宽比例，然后用流畅的线条绘制出包的形态与细节，注意画面要干净、整洁。

02 上色之前先用画笔蘸取清水，将包轻轻涂湿，使颜色过渡更加自然。用朱红与清水调和，绘制出手提包的颜色。

03

04

05

06

07

03 用朱红与大红调和，加深手提包的底色。

04 在上一步的颜色里混入少量赭石色，绘制出包的暗部，塑造出体积感。注意，要保持笔尖干燥，这样才能绘制出手提包的质感。

05 用玫红与清水调和，绘制出手提包剩余部分的底色。

06 在玫红中混入赭石色，用小号勾线笔绘制出皮革的方块效果，方块形状可以灵活变化。

07 用玫红和赭石色调和，加深提手部分及方块部分和右侧面暗部。接着用柠檬黄绘制提手处的金属材质。

斜背包

　　斜背包男女都可用，体积适中，通过细长的带子可以斜着背在身上。面料有帆布与皮革材质，帆布斜背包比较休闲、随意，皮革斜背包显得更加精致。

工具材料

自动铅笔、康颂细纹300g水彩纸、史明克24色固体水彩、华虹水彩笔。

所用色彩

湖蓝　　天蓝　　群青　　深蓝

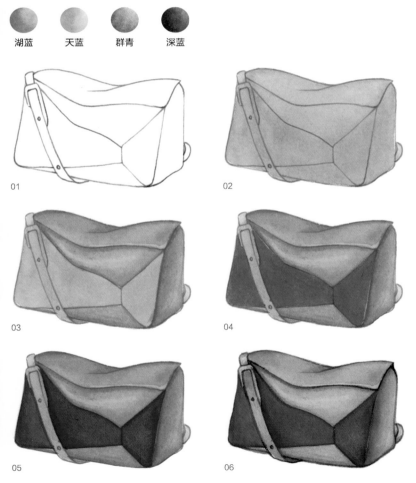

01

02

03

04

05

06

01 用自动铅笔起稿，先确定好包的长宽比例与背带的位置，绘制出轮廓后再进行分割。用流畅的线条绘制出包的形态与细节，注意保持画面干净、整洁。

02 上色之前先用水彩笔蘸取清水，将斜背包整体轻轻涂湿，便于颜色过渡自然。用湖蓝色、天蓝与清水调和，绘制出斜背包的第1层颜色。

03 用清水调和湖蓝色和群青色，然后根据背包表面的分割线，加深皮革的暗部，绘制出背包的立体感。

04 用群青色绘制背包表面的拼接部分，要注意与皮革颜色的区分。

05 用群青色与少量深蓝色调和，加深背包表面拼接部分的暗部。

06 用小号勾线笔蘸取深蓝色，绘制出背包带子上的细节，然后勾勒出背包的外轮廓，使其结构更加完整。

手提包

比较小的手提包可以随身携带、装轻便的东西，是街拍的重要元素之一。一款个性的小手提包与服装搭配，能够更好地凸显气质。

工具材料

自动铅笔、康颂细纹300g水彩纸、史明克24色固体水彩、华虹水彩笔。

所用色彩

丁香紫　玫红　紫红　深紫　橘红

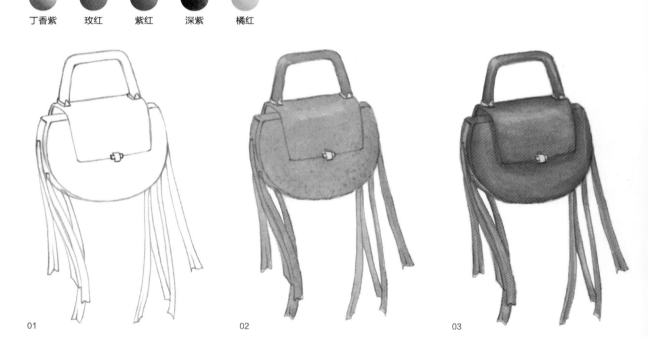

01　　　　　　　　　　　　　02　　　　　　　　　　　　　03

01 用自动铅笔起稿，先确定好包与底部装饰带子的长宽比例，然后用流畅的线条绘制出包的形态与带子交叠的层次，要注意保持画面干净、整洁。

02 用丁香紫与清水调和，绘制出手提包的底色。用清水稀释玫红，并用浅浅的玫红绘制包底部飘逸的带子。

03 用紫红加深包的暗部，塑造出皮革面料的质感。用玫红加深包底部的飘带，注意它们之间的层次关系。

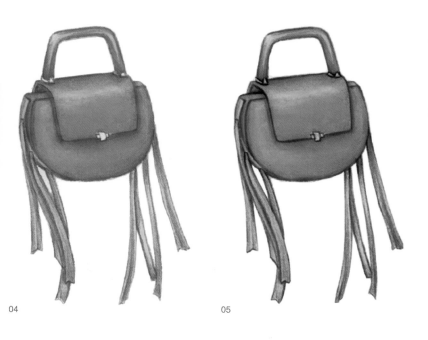

04

05

04 用紫红与少量深紫进行调和，绘制出手提包翻折处的阴影，增强空间感。用玫红与少量紫红调和，加深飘带之间的阴影。

05 用橘红绘制金属部分。用小号勾线笔蘸取深紫，勾勒手提包的外轮廓，完善整体的细节。

包作品欣赏

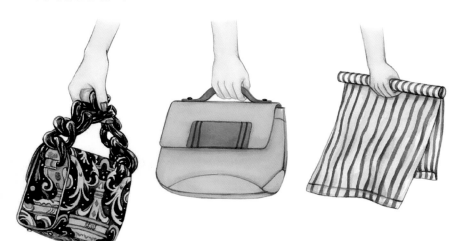

5.2
帽子

　　帽子是一种戴在头部的"服饰"，多数可以覆盖住头的整个顶部，有些帽子会有一块向外伸延的边缘，被称为"帽舌"，用来遮挡阳光。帽子有防护、遮阳、装饰、增温等作用，因此帽子的品种繁多。按用途分，有风雪帽、雨帽、太阳帽、安全帽等；按制作材料分，有皮帽、毡帽、毛呢帽、绒绒帽、草帽等；按款式特点分，有渔夫帽、贝雷帽、鸭舌帽、钟型帽、三角尖帽、八角帽、虎头帽等。

渔夫帽

　　渔夫帽是一种软的涤纶帽子。虽然边缘窄小，但是可以盖得很深，男女款式皆相同。渔夫帽有一圈略成梯形的遮阳边缘。渔夫帽方便折叠后放入包中。

工具材料
自动铅笔、康颂细纹300g水彩纸、吉祥颜彩、华虹水彩笔。

所用色彩

群青　　深蓝　　黑色　　白色　　熟褐

01

02

01 用自动铅笔起稿，根据帽子的透视，用流畅的线条绘制出渔夫帽的轮廓。

02 上色之前先用画笔蘸取清水，将帽子整体轻轻涂湿。用少量群青色与大量清水调和，以平涂法画出帽子的底色。

03 用群青色继续加深帽子的颜色。

04 用深蓝色绘制帽子的暗部。用小号勾线笔调和深蓝色与少量黑色，勾勒帽子转折处，让帽子轮廓更加明显。

05 用白色与清水调和，绘制帽子上的云朵图案。

06 用勾线笔蘸取白色，绘制蒲公英，与云朵形成虚实变化。

07 用勾线笔调和深蓝色，根据帽檐外轮廓绘制帽檐上的线条。

08 用熟褐色与清水调和，绘制出帽子的投影，以增添整体的立体感。

棒球帽

　　棒球帽是随着棒球运动一起发展起来的，它有遮阳、装饰和防护等不同的作用。如今各种款式和品牌的棒球帽在全世界都很流行。随着棒球帽的流行，棒球帽最基本的功能特点已经满足不了现代人的需要，棒球帽越来越时尚，被视作一种装饰用品，是市场普及率非常高的一种帽子。棒球帽常用的面料是弹力棉，棉较舒适且亲和皮肤，吸湿性强。

工具材料

自动铅笔、获多福细纹300g水彩纸、吉祥颜彩、华虹水彩笔。

所用色彩

灰豆绿　　草绿　　翠绿　　熟褐　　白色

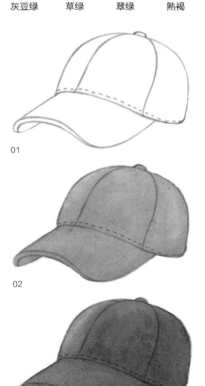

01

02

03

04

05

01 用自动铅笔起稿，先确定出棒球帽的角度与廓形，然后用流畅的线条绘制出棒球帽的帽檐形状，注意保持画面干净、整洁。

02 上色之前先用水彩笔蘸取清水，将帽子轻轻涂湿。用灰豆绿、草绿与清水进行调和，绘制出棒球帽的底色。

03 用灰豆绿继续绘制帽子的底色，注意留出亮面的第1层底色。

04 用灰豆绿与翠绿调和，加深棒球帽的暗部，增强帽子的立体感，要注意塑造出帽檐弯折的形态。

05 用小号勾线笔蘸取熟褐色，勾勒出棒球帽表面的分割线与缝纫线并加深暗部。用白色绘制出帽檐上的圆点细节与帽子上的英文字母，注意字母要根据帽子的角度发生变化。

贝雷帽

贝雷帽是一种无檐软质的帽子。贝雷帽具有便于折叠、不怕挤压、容易携带、美观等优点。

工具材料

自动铅笔、康颂细纹300g水彩纸、吉祥颜彩、华虹水彩笔。

所用色彩

柠檬黄　　橘黄　　土黄　　棕色

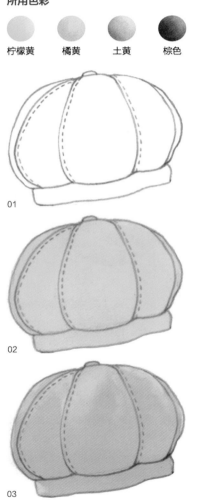

01

02

03

04

05

01 用自动铅笔起稿，先确定好贝雷帽的整体形状，然后用流畅的线条绘制出贝雷帽的轮廓与细节，注意保持画面干净、整洁。

02 上色之前先用水彩笔蘸取清水，将帽子整体轻轻涂湿。用柠檬黄绘制出贝雷帽的底色。

03 用橘黄继续绘制帽子的底色，留出亮面的第1层柠檬黄底色。

04 用橘黄与土黄色调和，加深贝雷帽的暗部，绘制出帽子的褶皱，增强帽子的立体感。

05 用小号勾线笔蘸取棕色，勾勒出贝雷帽表面的分割线与缝纫线，然后完善整体轮廓造型。

帽子作品欣赏

5.3
鞋

　　女士鞋子款式多样，有高跟鞋、靴子、凉鞋、休闲鞋、拖鞋、运动鞋、平底鞋等，常见的材质有布艺、皮革、绸缎、丝绒等。鞋子是服装效果图中不可缺少的部分，绘制鞋子时，需要先明确它的透视关系，然后进一步画出鞋子的造型，最后塑造出鞋子的材质与装饰。

高跟鞋

　　高跟鞋是一种鞋跟特别高的鞋，穿高跟鞋会使人的脚跟明显比脚趾高。高跟鞋有许多种不同款式，尤其是在鞋跟的变化上非常多，如细跟、粗跟、楔形跟、钉型跟、槌型跟等。高跟鞋最常规、穿着最舒适的面料是牛皮、羊皮等动物皮革。高跟鞋除了能增加高度，还能体现女人高贵典雅、雍容华贵的气质和风度。

工具材料
自动铅笔、康颂细纹300g水彩纸、吉祥颜彩、华虹水彩笔。

所用色彩

肤色　　玫红　　柠檬黄　　大红　　土黄　　棕色

01

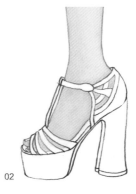

02

01 用自动铅笔起稿，绘制出人物单只脚的形态，在脚的基础上确定好鞋子的比例，然后用流畅的线条绘制出线稿。

02 上色之前先用画笔蘸取清水，将皮肤部分轻轻涂湿。调和肤色并平涂皮肤，绘制出皮肤的底色。

03

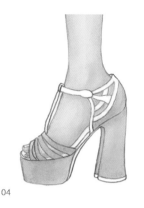

04

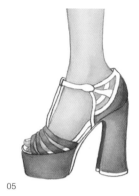

05

06

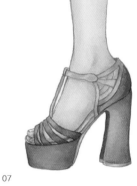

07

03 待肤色半干时，用少量玫红、柠檬黄与肤色调和，加深脚踝、脚与鞋子接触的部分、小腿暗部，塑造出脚的立体感。

04 调和较浅的玫红，绘制鞋面与鞋跟。

05 趁画纸湿润时，用玫红与少量大红调和，加深鞋面侧方的明暗交界线与鞋跟，加强鞋子的立体感。

06 用小号笔蘸取柠檬黄，平涂鞋带部分及其他未上色的部分。

07 调和柠檬黄与土黄色，加深鞋带的明暗交界线与暗部，绘制出鞋带的金属光泽感。

08 用小号勾线笔调和棕色，勾勒鞋带与鞋跟等轮廓细节，凸显出鞋子整体造型。

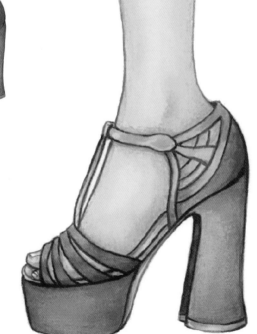

08

皮鞋

　　皮鞋是指以天然皮革为鞋面，以皮革或塑料、橡胶等为鞋底，经缝绱、胶粘或注塑等工艺加工成型的鞋类。皮鞋较透气，具有良好的卫生性能，是各类鞋靴中品位极高的鞋。

工具材料
自动铅笔、康颂细纹300g水彩纸、吉祥颜彩、华虹水彩笔。

所用色彩

赭石色　　棕色　　土黄　　黑色　　熟褐　　白色

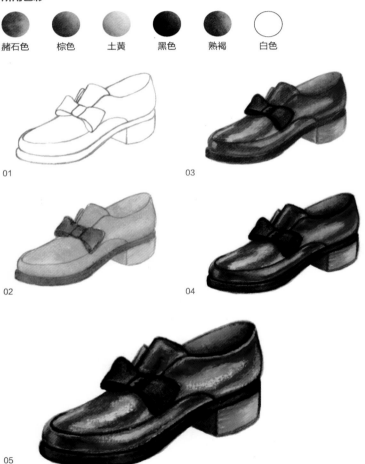

01

03

02

04

05

01 用自动铅笔起稿，先确定出皮鞋的长宽比例与鞋跟高度，然后用流畅的线条绘制出皮鞋的轮廓，并刻画出鞋面上蝴蝶结的形态，注意保持画面干净。

02 用赭石色与清水调和，绘制皮鞋的鞋面。用棕色绘制鞋底，用土黄色绘制鞋跟及皮鞋口的内部，用黑色绘制蝴蝶结的底色。

03 用饱和的赭石色继续绘制鞋子的底色，用赭石色与棕色绘制鞋面皮革，注意留出亮面的第1层浅色，然后用黑色塑造蝴蝶结的形态。

04 用赭石色与棕色调和，继续加深鞋面皮革部分，然后用熟褐色加深鞋底边缘，接着用棕色加深皮鞋口的内部与鞋跟的暗部。

05 用白色提亮皮鞋亮面反光，塑造出皮鞋质感。用小号勾线笔蘸取熟褐色，勾勒出皮鞋轮廓。

拖鞋

拖鞋是鞋子的一种，后跟全空，前面有鞋头，多为平底，常用的材质是轻软的皮料、塑料、布料等。拖鞋种类依穿着场合及性能用途有所区分。例如，海滩拖鞋，为了防水会选用塑料材质；冬天的室内拖鞋，为了保暖一般使用绒毛布材质。

工具材料
自动铅笔、康颂细纹300g水彩纸、吉祥颜彩、华虹水彩笔。

所用色彩

| 棕色 | 熟褐 | 黑色 | 白色 | 土黄 |

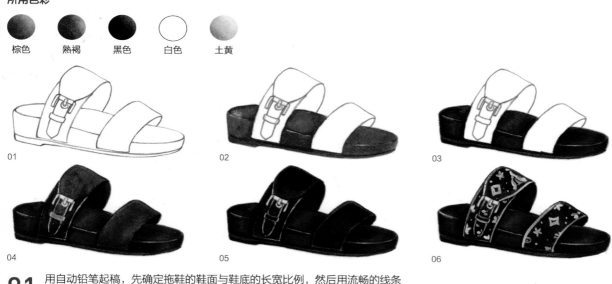

01

02

03

04

05

06

01 用自动铅笔起稿，先确定拖鞋的鞋面与鞋底的长宽比例，然后用流畅的线条绘制出拖鞋的形态与鞋面上的细节，注意保持画面干净、整洁。

02 用棕色与熟褐色进行调和，绘制拖鞋鞋底的底色，注意高光处留白。

03 用熟褐色继续加深鞋底的底色，注意暗部的颜色略深。

04 用黑色与清水调和，绘制拖鞋鞋面的底色。

05 用饱和的黑色继续加深鞋面的暗部，塑造出鞋面的立体感。

06 用小号水彩笔蘸取白色，勾勒出鞋面上的图案与边缘，注意图案的疏密关系。

07

07 用土黄色绘制出金属材质，完善拖鞋的细节。

鞋作品欣赏

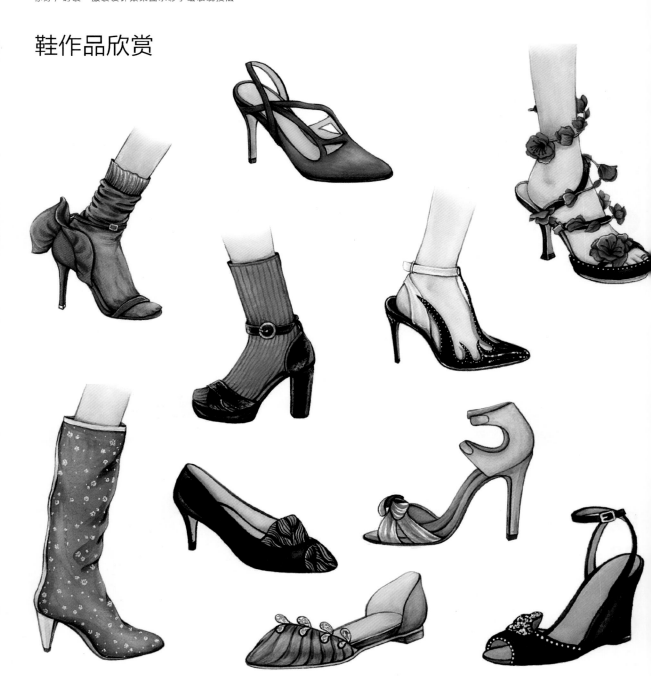

06

服装面料水彩手绘表现

6.1
薄纱面料

薄纱质地轻盈，呈透明或半透明状，具有飘逸的动感效果。当纱交叠在一起时，颜色会变深，透明度也会降低。

薄纱面料小样绘制

① 在画纸上铺一层清水，然后用橘黄绘制第1层颜色。

② 用橘黄与棕色进行调和，绘制重叠的薄纱颜色。

③ 用棕色继续加深暗部，使薄纱的层次更加分明。

 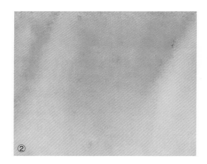 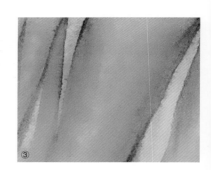

薄纱面料实例解析

工具材料

自动铅笔、康颂细纹300g水彩纸、吉祥颜彩、红胖子水彩笔、华虹水彩笔。

所用色彩

| 肤色 | 玫红 | 柠檬黄 | 棕色 | 黑色 | 湖蓝 | 熟褐 | 赭石色 | 大红 | 土黄 | 天蓝 | 橘黄 | 白色 |

02

03

01

01 用自动铅笔起稿，绘制出模特的比例和动态效果，然后在此基础上画出模特的五官、发型与服装。注意线条要流畅、清晰，画面要干净、整洁。

02 用画笔蘸取清水，将面部与脖子轻轻涂湿，然后调和肤色平涂于面部。

03 继续将肤色平涂于脖子处。待面部画纸快干时，挑选小号画笔，用少量玫红、柠檬黄与肤色调和，晕染颧骨、眼窝、鼻底、下巴、耳朵，以及面部在脖子上产生的投影等处，塑造出面部的立体感。

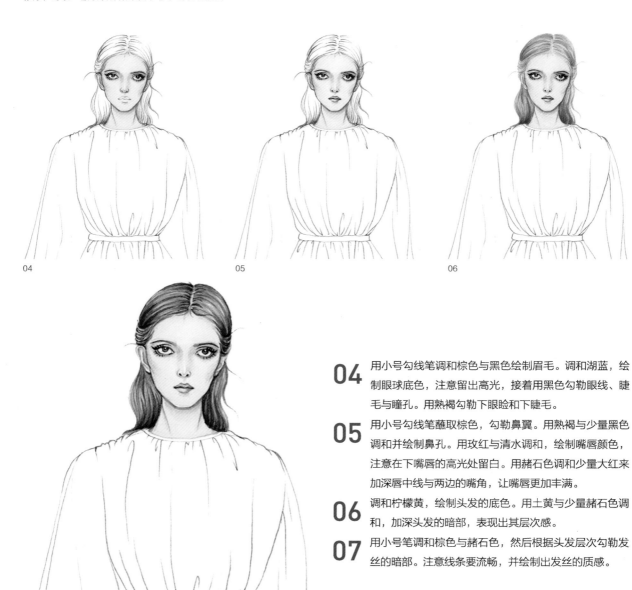

04

05

06

07

04 用小号勾线笔调和棕色与黑色绘制眉毛。调和湖蓝，绘制眼球底色，注意留出高光，接着用黑色勾勒眼线、睫毛与瞳孔。用熟褐勾勒下眼睑和下睫毛。

05 用小号勾线笔蘸取棕色，勾勒鼻翼。用熟褐与少量黑色调和并绘制鼻孔。用玫红与清水调和，绘制嘴唇颜色，注意在下嘴唇的高光处留白。用赭石色调和少量大红来加深唇中线与两边的嘴角，让嘴唇更加丰满。

06 调和柠檬黄，绘制头发的底色。用土黄与少量赭石色调和，加深头发的暗部，表现出其层次感。

07 用小号笔调和棕色与赭石色，然后根据头发层次勾勒发丝的暗部。注意线条要流畅，并绘制出发丝的质感。

08　上色前先用清水涂湿，然后用中号笔蘸取肤色，绘制皮肤及服装上的部分颜色。因为服装遮盖人体，所以绘制肤色的时候，用笔可以随意一些。

09　待上半身肤色干透以后，用清水调和浅浅的天蓝，然后使用罩色法绘制上半身服装。注意褶皱处颜色略深，透出人体肤色可以表现出纱的薄透质感。

10　为下半身服装上色前先用笔蘸取清水，将画纸涂湿。待清水半干的时候，用大号水彩笔铺上天蓝，并趁湿加深褶皱暗部。铺色和晕染要快速完成，以免清水干了难以晕染自然而出现水痕。

11　调和湖蓝来加深裙子的褶皱、腰部和后腿膝盖处颜色略深处，然后调整整个裙子，使裙子的立体感更明显。

12 待裙子上的颜色干了之后，调和橘黄来绘制裙子上的印花图案。

13 继续刻画裙子上的水草印花。用土黄调和少量赭石色来加深水草印花，使图案跟随服装的动态效果有明暗变化。用白色点缀零星的白点。

14 调和棕色来绘制鞋子，然后用熟褐勾勒鞋子的轮廓。最后整体调整画面，完成薄纱面料的绘制。

12

13

14

薄纱面料作品欣赏

6.2
牛仔面料

牛仔面料是一种棉质的粗纱布，容易吸收水分，透气性很好，穿着舒适，质地厚实，专门用来制作牛仔裤、牛仔外套。如今，牛仔面料有多种不同的颜色，可用来配衬不同的衣饰。经典的牛仔装虽然每一季的变化不大，但都会受到时尚潮人们的热捧，它随性又不失细节，牛仔面料的处理又具有不同的特点，一条牛仔裤百搭而且耐看，一件厚薄适中的牛仔装，在春夏时节正好是出街的单品利器。

牛仔面料小样绘制

①上色前先用清水涂湿画面，然后用较浅的天蓝绘制出第1层颜色。
②调和较浅的群青，控制好水彩笔上的水分，用干扫法绘制出牛仔面料的第2层颜色。
③用水彩笔蘸取少量白色，用干扫法刻画出牛仔面料的质感。

牛仔面料实例解析

工具材料

自动铅笔、康颂细纹300g水彩纸、吉祥颜彩、红胖子水彩笔、华虹水彩笔。

所用色彩

肤色　玫红　柠檬黄　熟褐　黑色　天蓝　棕色　朱红　土黄　赭石色　群青　湖蓝　白色

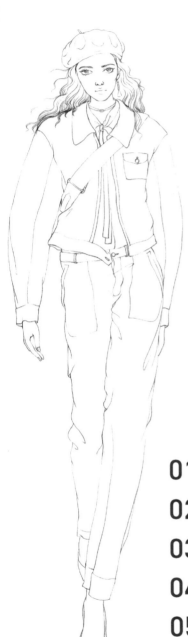

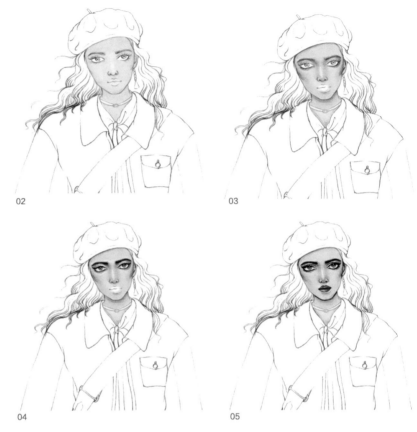

01 用自动铅笔起稿，绘制出模特的比例和动态效果，然后在此基础上画出模特的五官、发型、配饰与服装。注意线条要流畅、清晰，画面要干净、整洁。

02 给面部及脖子上色之前用画笔蘸上清水，将面部轻轻涂湿，这样可以使颜色过渡更加自然。调和肤色，平涂于面部、耳朵与脖子处。

03 待面部颜色快干时，挑选小号画笔，用少量玫红、柠檬黄与肤色调和，绘制面部、耳朵与脖子的暗部。

04 用小号勾线笔调和熟褐与黑色来绘制眉毛。调和天蓝绘制眼球，注意留出高光。用黑色勾勒眼线、睫毛和瞳孔暗部。

05 用熟褐加黑色调和，勾勒双眼皮线和下眼睑。用棕色勾勒鼻翼，用熟褐与少量黑色调和来绘制鼻孔。用朱红与少量玫红调和来绘制嘴唇，注意嘴唇的高光留白。用赭石色调和少量朱红加深唇中线，以及耳朵和下巴的暗部。两边嘴角用熟褐加深，使嘴唇更加立体。

01

06 调和浅浅的柠檬黄来绘制头发的底色，注意根据头型的走向用笔。

07 调和土黄与少量赭石色，加深头发暗部，表现出头发的层次感。

08 用熟褐区分头发层次，勾勒发丝暗部，绘制出头发质感。

09 用黑色加水调和，绘制帽子的底色，要根据帽子的褶皱绘制，注意亮部留白。

10 用黑色加深帽子的暗部，塑造帽子的立体感。

11 用朱红与清水调和，绘制背带的底色，注意深浅变化。用小号勾线笔绘制背带上的花朵图案，用黑色绘制背带剩余部分。
调和群青来绘制耳环上的珠宝，用土黄与黑色分别勾勒脖子上的饰品。

12 调和天蓝绘制内搭衬衣，然后用湖蓝勾勒衬衣轮廓，要注意褶皱关系。

13 用与脸部皮肤相同的颜色绘制手与脚的皮肤色。给服装整体上色，上色之前用毛笔蘸上清水，轻轻涂湿。用天蓝与清水调和，绘制服装的基本色。

14 用天蓝调和少量群青，加深上身外套的暗部，绘制出服装的基本立体感，注意上色过渡要自然，切记不要留下明显的水痕。

15 调和天蓝与群青，继续加深服装褶皱暗部，表现出上衣的轮廓线，注意控制好画笔的水分。待毛笔干燥，轻扫出笔触，表现牛仔面料的肌理。

16 用同样的方法绘制裤装，注意前后腿交叠关系，后面弯曲小腿的裤子部分颜色更深。

17 用小号勾线笔蘸取天蓝调和群青，勾勒牛仔接缝处、服装轮廓线，注意虚线与实线相结合。用同样的颜色绘制袖口部分与服装上的口袋等细节处。用黑色绘制纽扣。

18 用黑色与清水调和绘制尖头鞋的底色，然后用黑色加深鞋子的暗部。用白色绘制出高光，表现鞋子的立体感。

T I P S

想要更好地表现出牛仔的特征，切记一定要绘制出服装面料上的接缝线。

17

18

牛仔面料作品欣赏

6.3
条纹面料

　　条纹面料中的条纹是条状的花纹，将相同的花纹大面积重复地运用到服装中，对服装进行规律性的分割，能使服装具有强烈的节奏感，富有视觉冲击力，可彰显个性之美。虽然条纹有长短、粗细、色彩等不同的表现形式，但是都具有韵律感和视觉导向，能起到修饰身材的作用。

条纹面料小样绘制

①用清水打湿画面，趁湿用柠檬黄绘制面料的底色，注意面料的起伏，亮面的柠檬黄颜色更浅，暗面的柠檬黄颜色更深。
②等底色干透后，根据底色的深浅程度，用橘黄绘制出条纹的走向。
③用橘黄与土黄调和，加深条纹的暗部，增强条纹面料的立体感。

  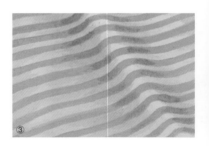

条纹面料实例解析

工具材料

自动铅笔、获多福细纹300g水彩纸、吉祥颜彩、红胖子水彩笔、华虹水彩笔、平头笔。

所用色彩

肤色　玫红　柠檬黄　熟褐　黑色　朱红　赭石色　土黄　棕色　白色　丁香紫　深紫　草绿

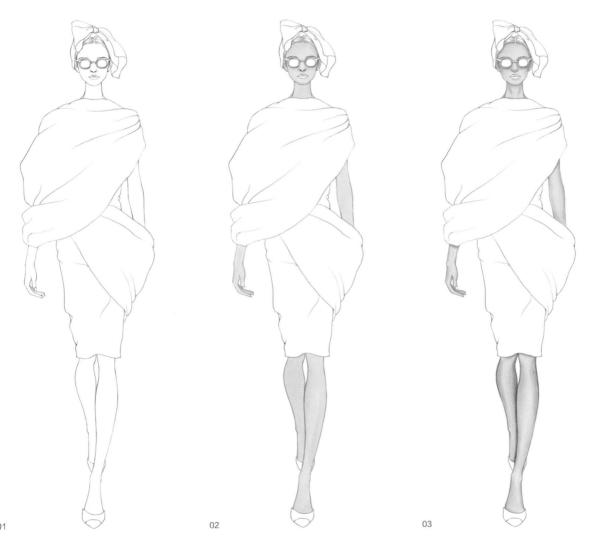

01　　02　　03

01 用自动铅笔起稿，绘制出模特的比例和动态效果，通过肩、腰、臀的关系表现出走动的感觉。然后在此基础上画出模特的五官、发型、饰品与服装，注意线条要流畅、清晰。

02 上色之前用画笔蘸取清水，将面部、胳膊与腿部等轻轻涂湿，这样可以使颜色过渡更加自然。调和肤色，将其平涂于面部和四肢等外露的皮肤。

03 待面部颜色快干时，挑选小号画笔，用少量玫红、柠檬黄与肤色调和，加深颧骨、鼻底、胳膊的明暗交界线，腿部要表现出立体感，明暗之间要过渡自然。注意后面腿的颜色略深于前面腿的颜色。

04 在上一步的颜色里加入少量赭石色进行调和，用小号笔蘸取颜色，注意笔上的水分不要太多，加深颧骨和下巴的投影。用熟褐与黑色调和，绘制眉毛与鼻孔，用熟褐勾勒鼻翼。

05 用朱红与清水调和来绘制嘴唇的颜色，注意下嘴唇的高光留白。用赭石色调和少量朱红加深唇中线。两边嘴角用熟褐加深，使嘴唇更加丰满。

06 用土黄绘制中分头发的底色，然后用小号勾线笔蘸取棕色，简略勾勒发丝即可。

07 用黑色绘制墨镜镜片，等黑色干透以后用白色绘制反光。然后用小号勾线笔蘸取黑色，绘制镜框的细节。

08 用棕色与大量清水调和来绘制头巾的暗部。用勾线笔蘸取熟褐，勾勒头巾轮廓，注意转折处颜色更深。

09　绘制服装之前，先用清水涂湿所画区域。调和丁香紫，等画纸半干的时候绘制服装暗部，注意亮部留白，明暗之间过渡要
自然。

10　用小号笔蘸取深紫，刻画服装上的条纹。根据服装的明暗起伏，条纹会有粗细变化。

11　下半身的条纹画法和上半身相同，条纹要跟随人体和服装廓形来绘制。

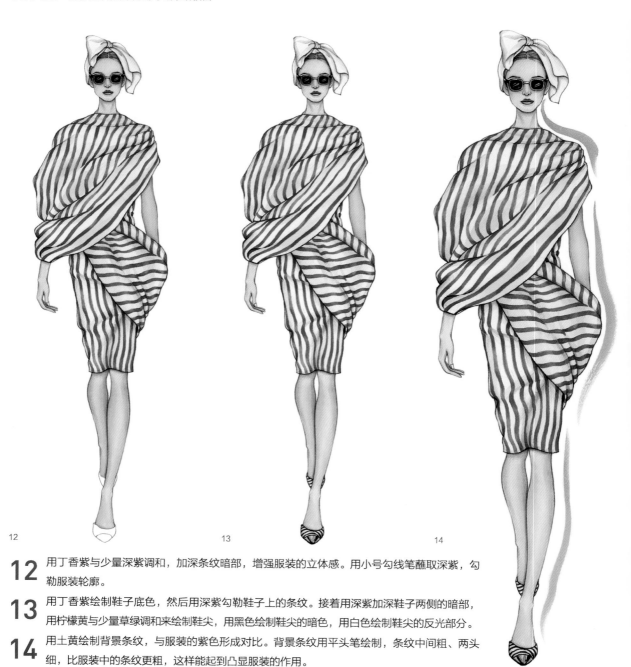

12 用丁香紫与少量深紫调和，加深条纹暗部，增强服装的立体感。用小号勾线笔蘸取深紫，勾勒服装轮廓。

13 用丁香紫绘制鞋子底色，然后用深紫勾勒鞋子上的条纹。接着用深紫加深鞋子两侧的暗部，用柠檬黄与少量草绿调和来绘制鞋尖，用黑色绘制鞋尖的暗色，用白色绘制鞋尖的反光部分。

14 用土黄绘制背景条纹，与服装的紫色形成对比。背景条纹用平头笔绘制，条纹中间粗、两头细，比服装中的条纹更粗，这样能起到凸显服装的作用。

条纹面料作品欣赏

6.4
印花面料

　　印花面料的配色种类繁多、复杂，色彩与形状组合搭配会产生独特的印花，通过喷墨印刷、丝网印刷等技术，可以使面料更加丰富多彩，在服装上形成艺术效果。在设计与绘制印花面料的服装时，要注重颜色的搭配与图案的面积分布，这样才能使整体的色彩绚丽、层次丰富、和谐自然。

印花面料小样绘制

印花面料的绘制分为两种情况。第1种是印花的颜色比面料的底色深，而且印花图案灵动、富有变化，绘制时不用绘制印花的线稿，先直接绘制面料的浅色，再绘制深色印花的图案即可。

① 用肤色与清水调和，用平涂法绘制出印花面料的底色。

② 等底色干透后，用朱红绘制花朵，用灰豆绿绘制枝叶。

③ 用朱红与赭石色调和，加深红色的花朵，然后用白色丰富面料上的图案。

印花面料的第2种情况是印花图案形态规整且具象，同时印花图案的颜色比印花面料的底色浅，这时需要先用自动铅笔绘制出印花图案的形态，然后分别给印花图案和面料上色。

① 用自动铅笔绘制出印花图案的具体形态，注意线条要流畅。

② 选择玫红与白色，分别平涂于叶子上，然后用黑色绘制剩余的部分。

③ 用赭石色勾勒玫红叶子上的线条，用黑色勾勒白色叶子上的线条。

印花面料实例解析

工具材料

自动铅笔、获多福细纹300g水彩纸、吉祥颜彩、红胖子水彩笔、华虹水彩笔、平头笔。

所用色彩

肤色　玫红　柠檬黄　熟褐　黑色　草绿　棕色　朱红　赭石色　大红　土黄　青色　白色

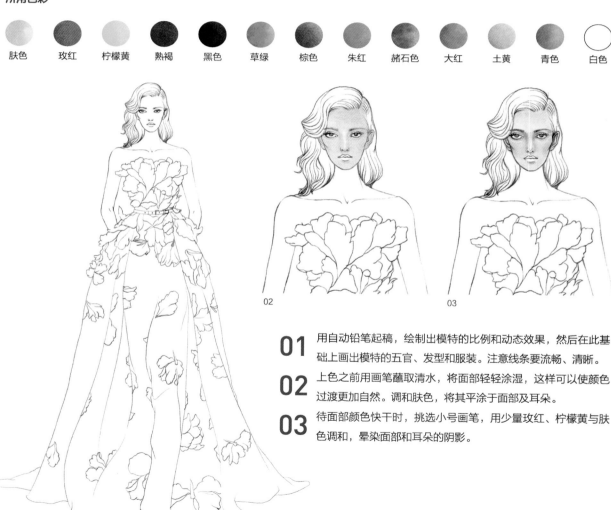

01 用自动铅笔起稿，绘制出模特的比例和动态效果，然后在此基础上画出模特的五官、发型和服装。注意线条要流畅、清晰。

02 上色之前用画笔蘸取清水，将面部轻轻涂湿，这样可以使颜色过渡更加自然。调和肤色，将其平涂于面部及耳朵。

03 待面部颜色快干时，挑选小号画笔，用少量玫红、柠檬黄与肤色调和，晕染面部和耳朵的阴影。

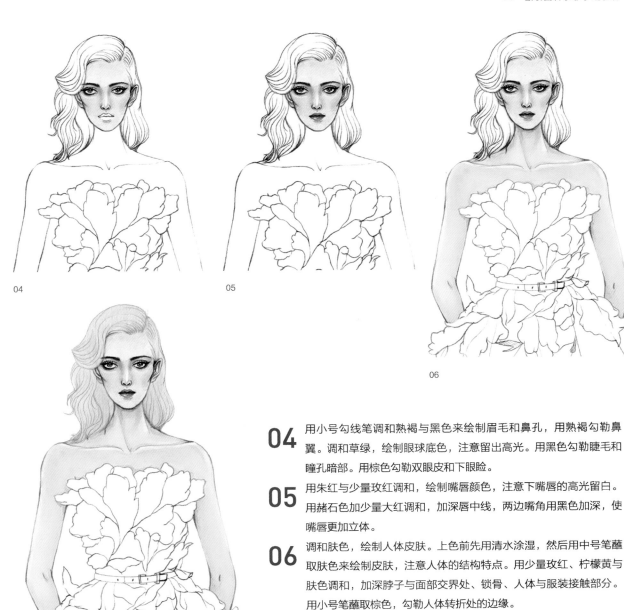

04 用小号勾线笔调和熟褐与黑色来绘制眉毛和鼻孔，用熟褐勾勒鼻翼。调和草绿，绘制眼球底色，注意留出高光。用黑色勾勒睫毛和瞳孔暗部。用棕色勾勒双眼皮和下眼睑。

05 用朱红与少量玫红调和，绘制嘴唇颜色，注意下嘴唇的高光留白。用赭石色加少量大红调和，加深唇中线，两边嘴角用黑色加深，使嘴唇更加立体。

06 调和肤色，绘制人体皮肤。上色前先用清水涂湿，然后用中号笔蘸取肤色来绘制皮肤，注意人体的结构特点。用少量玫红、柠檬黄与肤色调和，加深脖子与面部交界处、锁骨、人体与服装接触部分。用小号笔蘸取棕色，勾勒人体转折处的边缘。

07 调和浅淡的柠檬黄，绘制头发的底色，注意根据头型的走向用笔。

你好，时装 服装设计效果图水彩手绘表现技法

08

09

10

08 调和赭石色来加深头发的暗部，以表现出层次感。

09 用熟褐与黑色调和，根据头发的层次勾勒发丝暗部。

10 用清水调和肤色与柠檬黄，用晕染法绘制衣服，注意褶皱关系。趁着第1层颜色未干，调和一点土黄来加深衣服的暗部，表现出立体感。

12

11 用同样的方法绘制腰部以下裙子其他部分的颜色，上半部分晕染朱红与赭石色，中间部分晕染玫红，底部晕染土黄与柠檬黄，注意衣服的体积关系。

12 绘制衣服上的花朵时，先淡淡地铺上一层清水，然后用大红、柠檬黄、青色趁湿晕染。

13 采用同样的方法绘制裙子上的花瓣，使用不同的颜色搭配。

14 调和熟褐与赭石色，用小号勾线笔勾勒上衣花瓣的脉络，注意用笔，线条要流畅，有轻重变化，使花瓣更立体。用黑色与熟褐调和，勾勒每片花瓣的边缘线，注意用笔的粗细变化。

13

14

15

15 绘制花朵细节。用朱红、土黄、赭石色晕染花瓣。待颜色干了之后调和熟褐，用小号勾线笔勾勒花瓣上的脉络。用黑色勾勒花瓣的边缘，注意用笔轻重适宜，切记不要勾勒得太死板。调和赭石色与大红，用罩色法加深花瓣边缘。调和白色提亮花瓣浅色部分，使花瓣更有立体感。

16 继续完善裙子上的花瓣绘制，注意裙子整体的明暗关系，裙子暗部的花瓣颜色也相应稍暗。

18 用清水与赭石色调和来绘制鞋子的底色，用赭石色加深鞋子的暗部。调和熟褐来勾勒鞋子边缘，用白色绘制鞋子的高光并点缀鞋子上的亮点。

17 调整裙子整体的体积关系，稍微加深暗部，使得裙子立体感增强。用白色点缀服装上的花瓣，注意圆点的大小与疏密变化。

印花面料作品欣赏

6.5
丝绸面料

　　丝绸是以蚕丝为原料纺织而成的各种丝织物的统称。丝绸质地轻柔，色彩绮丽，富有光泽，高贵典雅，穿着舒适，品类众多，包括绸、缎、绫、绢等。丝绸按组织方式分为：真丝绸、人丝绸、合纤绸、交织绸。

丝绸面料小样绘制

①用丁香紫与清水调和，使其颜色变浅，然后用平涂法绘制出丝绸面料的第1层颜色。
②待第1层颜色半干时，根据丝绸面料的明暗关系，用丁香紫加深暗部，注意颜色过渡要柔和自然。
③调和饱和的丁香紫，继续加深丝绸面料的暗部，使亮面与暗面形成对比，凸显出丝绸的光泽感。

 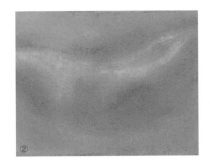 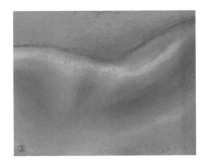

丝绸面料实例解析

工具材料
自动铅笔、获多福细纹300g水彩纸、吉祥颜彩、红胖子水彩笔、华虹水彩笔。

所用色彩

肤色　玫红　柠檬黄　赭石色　棕色　熟褐　湖蓝　紫红　土黄　嫩绿　灰豆绿　橘黄　大红　黑色

01

02

01 用自动铅笔起稿，绘制出模特的比例和动态效果，通过肩、腰、臀的关系表现出走动的感觉。在此基础上画出模特的五官、发型、服装与饰品。注意线条要流畅、清晰。

02 给人物皮肤上色之前先用画笔蘸取清水，将面部、手与腿部等轻轻涂湿，这样可以使颜色过渡更加自然。调和肤色，将其平涂于面部与四肢等外露的皮肤处。

03

04

03 待绘制的皮肤颜色快干时，用少量玫红、柠檬黄与肤色调和，加深眉弓、眼窝、颧骨、锁骨、胳膊等位置，注意明暗之间的衔接要自然。

04 在上一步的颜色里加入少量赭石色进行调和，用小号笔蘸取颜色，注意笔上的水分不要太多，加深面部的颧骨、胸前的锁骨、胳膊的暗部，以及服装在人体上产生的投影。调和棕色，勾勒人体曲线转折处，使人物更加立体。

05

06

07

05 用小号勾线笔调和熟褐，绘制细长的眉毛。调和浅棕色，晕染下眼睑处，接着用棕色勾勒双眼皮与下眼睑。用湖蓝绘制眼球，注意留出高光，用黑色勾勒眼线、瞳孔和上睫毛。

06 用浅棕色勾勒鼻翼，然后调和熟褐绘制鼻孔。用玫红、紫红与清水调和，绘制嘴唇，注意下嘴唇的高光采用留白的方式处理。用玫红加一点赭石色调和，加深唇中线，两边的嘴角用棕色加深，让嘴唇更加丰满。

07 用柠檬黄与清水调和，薄薄地绘制头发的底色。

08 用柠檬黄与土黄调和，加深头发暗部，然后用小号笔蘸取棕色，根据头发层次勾勒出发丝的质感。

09

10

09 用嫩绿加大量清水调和，以平铺的方式绘制丝绸质感的服装。

10 用嫩绿与少量灰豆绿调和，绘制出丝绸面料的褶皱，注意与上一步颜色的衔接要自然。

11

12

11 蘸取饱和的灰豆绿，继续加深服装暗部，凸显出丝绸的光感，绘制时注意整体的明暗关系要协调。

12 用灰豆绿与少量棕色调和，加深服装褶皱的暗部，然后用小号勾线笔勾勒服装轮廓线，使服装更加完整。

13

14

13 蘸取橘黄来绘制颈部与手上的饰品。接着用小号勾线笔蘸取熟褐，勾勒饰品的轮廓线。

14 用赭石色与熟褐调和，绘制出鞋面，接着蘸取黑色，绘制鞋子边缘。

丝绸面料作品欣赏

6.6
皮革面料

　　动物皮革是一种自然皮革，即我们常说的真皮，它是由动物生皮经皮革厂鞣制加工后，制成各种不同特性、强度、手感、色彩、花纹的皮具材料，是现代真皮制品的必需材料。用动物皮做成的皮鞋或皮衣具有较好的透气性和柔韧性，轻盈保暖，雍容华贵。皮革的类型不同，其特点和用途也各不相同。例如，牛皮革面细，强度高，最适宜制作皮鞋；羊皮革轻薄而细软，是皮革服装的理想面料；猪皮革的透气和透水性较好。

皮革面料小样绘制

①用湖蓝与清水调和，绘制出皮革的第1层底色。
②用水彩笔蘸取群青，根据皮革面料褶皱的形状，绘制出皮革面料的暗部。
③用群青与深蓝色调和，加深皮革面料褶皱的暗部。用白色提亮皮革面料的亮面，使亮面与暗面对比更加强烈。

 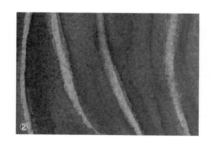 

皮革面料实例解析

工具材料

自动铅笔、获多福细纹300g水彩纸、吉祥颜彩、红胖子水彩笔、华虹水彩笔。

所用色彩

肤色　玫红　柠檬黄　赭石色　棕色　深紫　熟褐　黑色　朱红　土黄　白色　大红

01　　02　　03　　04

01 用自动铅笔起稿，绘制出模特的比例和动态效果，通过肩、腰、臀的关系表现出走动的感觉。在此基础上，画出模特的五官、发型和服装。

02 给人物皮肤上色之前先用画笔蘸取清水，将面部、手与腿部等轻轻涂湿，这样便于颜色过渡更加自然。调和肤色，将其平涂于面部、脖子与四肢。

03 待绘制的皮肤颜色快干时，用少量玫红、柠檬黄与肤色调和，加深眉弓、眼窝、颧骨、鼻底、虎口、膝盖窝、两腿交叉处等。腿部要表现出立体感，明暗之间的颜色过渡要自然。

04 在上一步的颜色中加入少量赭石色进行调和，用小号笔蘸取颜色，注意笔上的水分不要太多，加深颧骨、下巴的投影、双腿的暗部等处，加重服装在人体上产生的投影，拉开服装与人体的层次。接着调和棕色，勾勒人体转折处，使得人物更加立体。

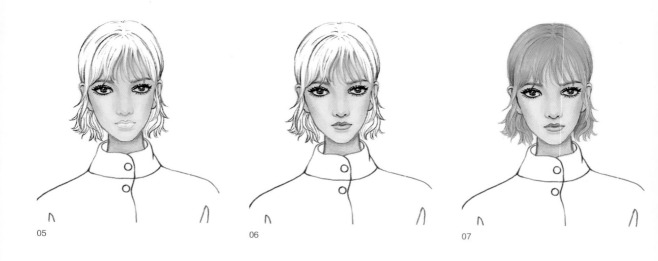

05 用小号勾线笔调和浅棕色来绘制眉毛。用深紫绘制眼球，注意留出高光，接着用熟褐勾勒双眼皮，用黑色勾勒眼线、瞳孔和上睫毛，用棕色勾勒下睫毛。

06 用浅棕色勾勒鼻翼，用深棕色绘制鼻孔。用玫红与清水调和，绘制嘴唇，注意下嘴唇的高光采用留白处理。用赭石色加一点朱红调和，加深唇中线与两边的嘴角，让嘴唇更加丰满。

07 用土黄与柠檬黄调和并加大量清水稀释，然后薄薄地绘制头发的底色。

08 调和棕色来加深头发暗部，然后用小号笔蘸取熟褐，根据头发层次勾勒出发丝的质感。

09

10

11

09 用大量清水稀释黑色，形成灰色，然后以平涂的方式绘制出皮革的底色。

10 用少量清水与黑色调和，绘制出皮革面料的暗部效果。

11 用黑色继续加深暗部，刻画服装褶皱的明暗交界线，使亮面和暗面之间过渡自然。用少量白色绘制皮革面料的高光部分，与暗面形成强烈对比，凸显出皮革的光泽，注意整体明暗关系一定要显得舒服。

12

13

14

12 调和熟褐来绘制胸前部分的服装，简单的表现体积即可。

13 用小号勾线笔蘸取熟褐，勾勒衣服上网格状的线条。

14 用大红绘制半裙的底色。然后用大红与少量熟褐调和，加深暗部，接着调和熟褐来绘制半裙开口部分。

15

15 继续刻画服装上的细节。用浅浅的黑色绘制腰带，用大红与棕色分别绘制出服装上的徽章图案，用柠檬黄绘制半裙开口处的金属饰品，用熟褐绘制开口处的饰品。用黑色与白色绘制大小不同的纽扣，为沉闷的服装增添亮点。

16 用棕色绘制出鞋子的底色，然后用棕色与赭石色调和加深鞋子暗部。用小号勾线笔强调鞋子的轮廓，用白色绘制出鞋子的高光，体现出鞋子的质感。

皮革面料作品欣赏

6.7
蕾丝面料

　　蕾丝质地轻薄，表面肌理丰富，即使多层蕾丝重叠，也不会显得厚重。蕾丝具有奢华感和浪漫气质，优雅而神秘，随着工艺技术的发展，蕾丝花形图案复杂多样，琳琅满目，运用在服装之中有很好的装饰作用。

蕾丝面料小样绘制

①用大量清水稀释黑色，使颜色变浅，然后根据蕾丝图案绘制出第1层颜色。
②用黑色加深蕾丝图案的边缘，使图案更明确。
③用小号水彩勾线笔丰富细节，蘸取饱和的黑色，勾勒出细碎的线条，使蕾丝图案连接在一起。

①

②

③

蕾丝面料实例解析

工具材料
自动铅笔、获多福细纹300g水彩纸、吉祥颜彩、DS红色管装水彩、红胖子水彩笔、华虹水彩笔。

所用色彩

肤色　　玫红　　柠檬黄　　赭石色　　棕色　　熟褐　　大红　　湖蓝　　黑色　　土黄　　白色

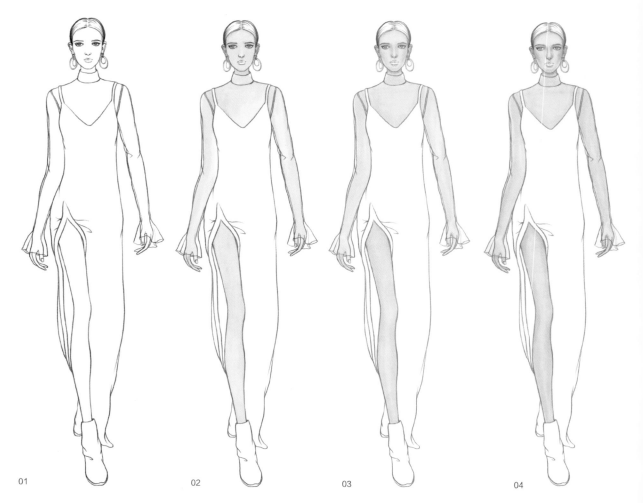

01 用自动铅笔起稿，绘制出模特的比例和动态效果，通过肩、腰、臀的关系表现出走动的感觉。在此基础上，画出模特的五官、发型、饰品和服装。注意，蕾丝细节先不用刻画出来。

02 上色之前先用画笔蘸取清水，将面部、锁骨、胳膊与腿部等轻轻涂湿，这样可以使颜色过渡更加自然。调和肤色，将其平涂于面部和四肢等外露的皮肤处，绘制出皮肤的底色。

03 待皮肤颜色快干时，挑选小号画笔，用少量玫红、柠檬黄与肤色调和，加深面部的眉弓、眼窝、颧骨、鼻底等。然后用同样的颜色绘制脖子、锁骨、胳膊和腿，注意胳膊会被蕾丝服装遮挡，不用画得很立体。

04 在上一步的颜色里加入少量赭石色进行调和，然后用小号笔蘸取颜色，注意笔上的水分不要太多，加深面部的颧骨、面部对脖子的投影，腿的明暗交界处。调和棕色，勾勒人体四肢的转折处，使人物更加立体。

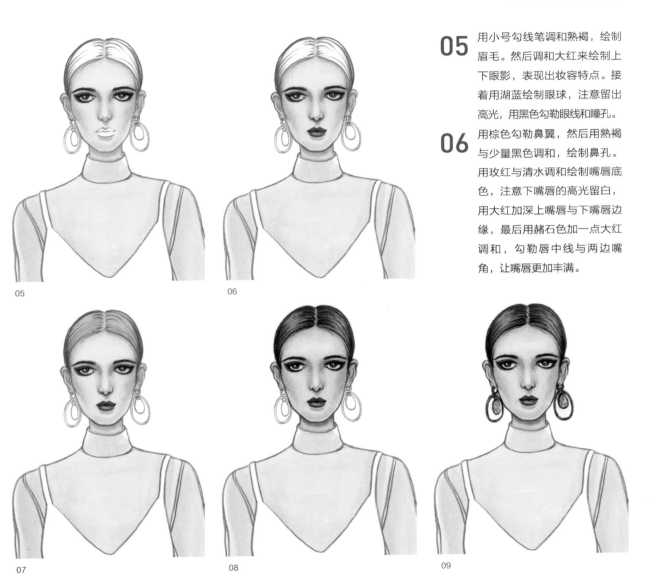

05 用小号勾线笔调和熟褐，绘制眉毛。然后调和大红来绘制上下眼影，表现出妆容特点。接着用湖蓝绘制眼球，注意留出高光，用黑色勾勒眼线和瞳孔。

06 用棕色勾勒鼻翼，然后用熟褐与少量黑色调和，绘制鼻孔。用玫红与清水调和绘制嘴唇底色，注意下嘴唇的高光留白，用大红加深上嘴唇与下嘴唇边缘，最后用赭石色加一点大红调和，勾勒唇中线与两边嘴角，让嘴唇更加丰满。

07 用大量清水稀释土黄，然后薄薄地为头发铺上一层底色。

08 用土黄与棕色调和，加深头顶与两侧头发的暗部，表现出层次感。等颜色干透以后，用小号勾线笔蘸取棕色，勾勒头发丝，两侧暗部用熟褐勾勒发丝，使头发更有立体感。

09 用柠檬黄以平涂的方式绘制耳饰底色，然后用土黄勾勒细节。

10   11   12

13

14

15

10 给服装上色之前先用毛笔蘸取清水，将裙子轻轻涂湿。用肤色、玫红与清水调和，绘制裙子的基本色。趁颜色半干时，用肤色与玫红调和，加深裙子的暗部，注意颜色晕染要自然，表现出裙子的立体感。

11 用黑色绘制裙子上的水墨印花图案。先在裙子底色上涂抹少量清水，然后用毛笔晕染黑色，通过颜色和水的不同比例来表现水墨的浓淡效果。用小号勾线笔蘸取黑色，注意笔上不要有水，画出长短不同的曲线，下笔重、收笔轻，这样才能画出干净的笔触。

12 选择小号勾线笔，调和黑色，勾勒服装上面的蕾丝图案，注意疏密和大小变化要自然。

13 在上一步的基础上，用黑色勾勒出大小不同的S形图案，每个S形可以有所变化。

14 用最小号的勾线笔蘸取黑色，绘制蕾丝网格，注意颜色要比之前的蕾丝图案颜色略浅。绘制网格时，每个网格的形状和大小都应该有所变化，这样整体会更加自然、生动。

15 绘制好蕾丝图案后，用毛笔蘸取少量黑色，使用罩色法加深蕾丝服装的暗部，让服装更加立体。用黑色平涂裙子上的丝带，用白色绘制丝带上的字母图案。调和浅黑色，使用罩色法加深暗部的白色字母。

你好，时装　服装设计效果图水彩手绘表现技法

16　用棕色平涂鞋子的底色，并趁湿混入熟褐，加深鞋子的暗部，塑造出鞋子的立体感。然后用黑色绘制鞋底边缘。

17　用大号毛笔蘸取清水，打湿人物边缘空白处，然后趁湿铺上大红，注意靠近人物边缘的颜色略深。通过大小不同面积的红色，可以营造一种空间氛围，让画面更加完整。

蕾丝面料作品欣赏

6.8
针织面料

　　针织面料是通过织针把各种原料和品种的纱线勾成线圈，然后串套连接成完整的面料。针织面料质地松软，有良好的抗皱性与透气性，并有较大的延伸性与弹性，穿着温暖而舒适。针织有手工针织和机器针织两类。手工针织使用棒针，历史悠久，技艺精巧，花形灵活多变。

针织面料小样绘制

①用自动铅笔绘制出针织面料上麻花辫的形状，然后用清水调和湖蓝与群青，绘制出针织面料的第1层颜色。

②调和湖蓝，加深麻花辫交叉凹陷处的阴影。

③用小号水彩勾线笔刻画麻花辫的细节，然后用群青勾勒轮廓，接着加深每条麻花辫之间的空隙，以更好地表现出麻花辫的立体感。

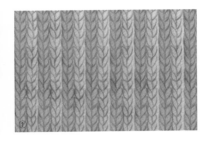  

针织面料实例解析

工具材料

自动铅笔、获多福细纹300g水彩纸、史明克24色固体水彩、红胖子水彩笔、华虹水彩笔。

所用色彩

| 肤色 | 玫红 | 柠檬黄 | 赭石色 | 棕色 | 土黄 | 熟褐 | 湖蓝 | 黑色 | 大红 |

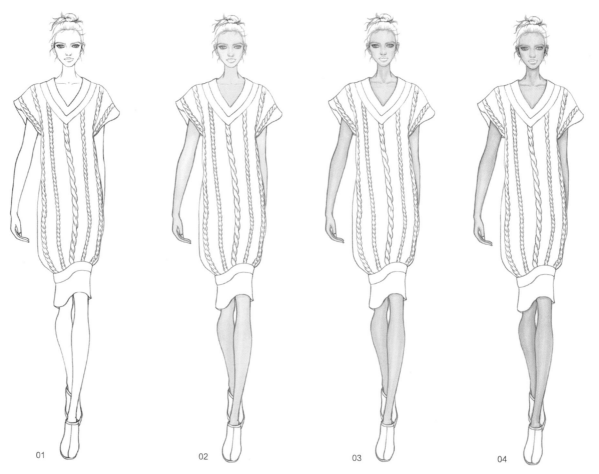

01 用自动铅笔起稿，绘制出模特的比例和动态效果，通过肩、腰、臀的关系表现出走动的感觉。在此基础上，画出模特的五官、发型和服装，注意刻画服装上辫子纹路的细节，线条要流畅、清晰，画面要干净。

02 上色之前先用画笔蘸取清水，将面部、胳膊与腿部等轻轻涂湿，这样可以使颜色过渡更加自然。调和肤色，将其平涂于面部和四肢等外露的皮肤处，绘制出皮肤的底色。

03 待皮肤颜色快干时，挑选小号画笔，用少量玫红、柠檬黄与肤色调和，加深面部的眉弓、眼窝、颧骨、鼻底等。然后用同样的颜色绘制脖子、锁骨、胳膊、腿部，注意表现出立体感，明暗之间的颜色过渡要自然。

04 在上一步的颜色中加入少量赭石色进行调和，用小号笔蘸取颜色，注意笔上的水分不要太多，加深面部的颧骨、面部对脖子的投影、胳膊的转折、双腿的暗部。然后加重服装在人体上产生的投影，拉开服装与人体的层次。接着调和棕色，勾勒人体转折处，使得人物更加立体。

05 用小号勾线笔调和土黄与熟褐，绘制出眉毛。用赭石色绘制下眼睑，注意颜色要晕染自然，表现出妆感。用湖蓝绘制眼球，注意留出高光，再用熟褐勾勒双眼皮，用黑色勾勒眼线、瞳孔和上睫毛。

06 用棕色勾勒鼻翼，并调和熟褐来绘制出鼻孔。用少量的玫红、大红与清水调和，绘制出嘴唇颜色，注意嘴唇的高光留白。用赭石色加一点大红调和，加深唇中线与两边的嘴角，让嘴唇更加丰满。

07 用棕色与大量清水调和，然后薄薄地绘制出头发的底色。

08 调和熟褐与赭石色加深头发暗部与发髻的凹陷处，让头发更有层次。

09 用小号笔蘸取黑色，根据头发层次勾勒发丝暗部。注意线条要流畅，绘制出发丝的质感。

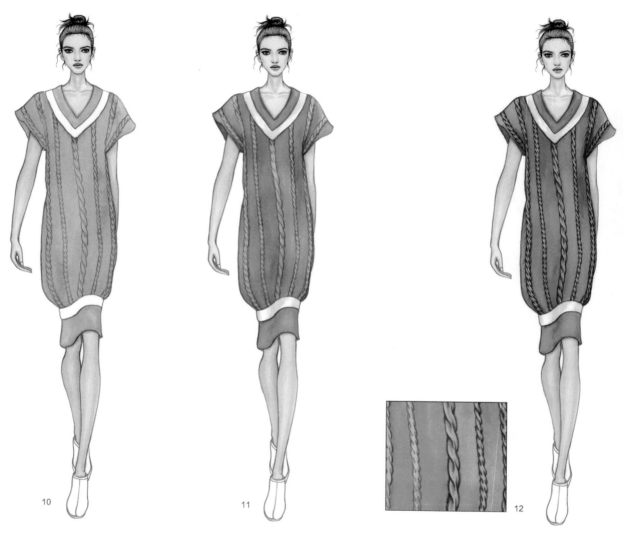

10 上色之前先用毛笔蘸取清水，将服装轻轻涂湿。用朱红与清水调和，绘制服装的基本色。

11 用肤色与少量大红调和，绘制服装拼接处的颜色，注意亮面高光要留白。用大红加深服装的暗部，表现出服装的基本立体感，注意颜色的过渡要自然，切记不要留下明显的水痕。

12 刻画辫子纹路的细节。调和大红来加深纹路交叉凹陷处的阴影。用大红与赭石色调和，勾勒纹路的轮廓，以更好地表现出辫子纹路的立体感。

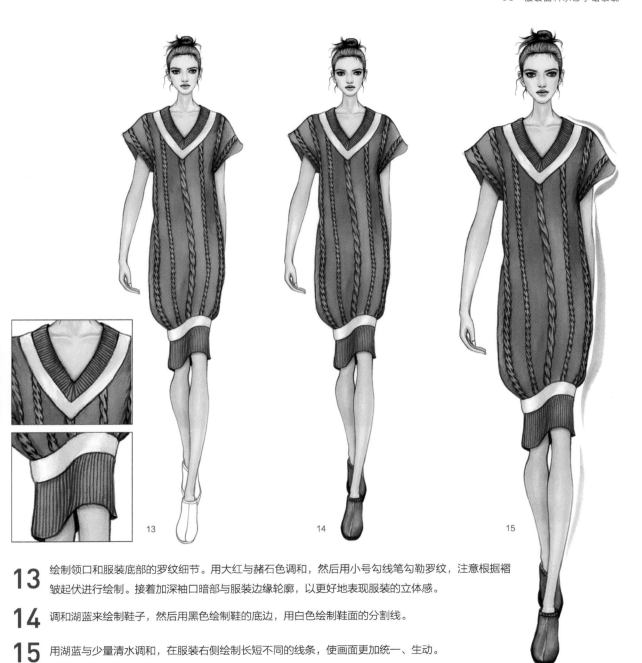

13　绘制领口和服装底部的罗纹细节。用大红与赭石色调和，然后用小号勾线笔勾勒罗纹，注意根据褶皱起伏进行绘制。接着加深袖口暗部与服装边缘轮廓，以更好地表现服装的立体感。

14　调和湖蓝来绘制鞋子，然后用黑色绘制鞋的底边，用白色绘制鞋面的分割线。

15　用湖蓝与少量清水调和，在服装右侧绘制长短不同的线条，使画面更加统一、生动。

针织面料作品欣赏

6.9
皮草面料

　　皮草又叫作"毛皮""裘皮"，是指利用动物的皮毛所制成的服装。皮草原料主要来源于狐狸、貂、貉子和獭兔等毛皮兽动物。优质的皮草具有手感舒适柔软、温暖顺滑、毛色一致、重量较轻等特点，它是冬季温暖又漂亮的御寒物品，毛茸茸的质感和奢华的风格让女性更显优雅与时尚。因为是用动物皮毛制成，成本比较高，所以皮草服装价格相对偏高。

皮草面料小样绘制

①用玫红与少量大红进行调和，然后加入大量清水，使其颜色变浅，再通过平涂法绘制皮草底色。
②待底色干后，用玫红绘制出不同方向的线条，注意皮草的实际变化。
③用玫红与少量赭石色调和，用小号勾线笔蘸取颜色，勾勒出一根根细腻的线条，线条要有长短变化。最后绘制少许白色，使皮草更丰富。

皮草面料实例解析

工具材料
自动铅笔、获多福细纹300g水彩纸、吉祥颜彩、红胖子水彩笔、华虹水彩笔。

所用色彩

 肤色　 玫红　 柠檬黄　 熟褐　 黑色　 湖蓝　 赭石色　 棕色　 朱红　 丁香紫　 白色　 天蓝　 橘红　 大红

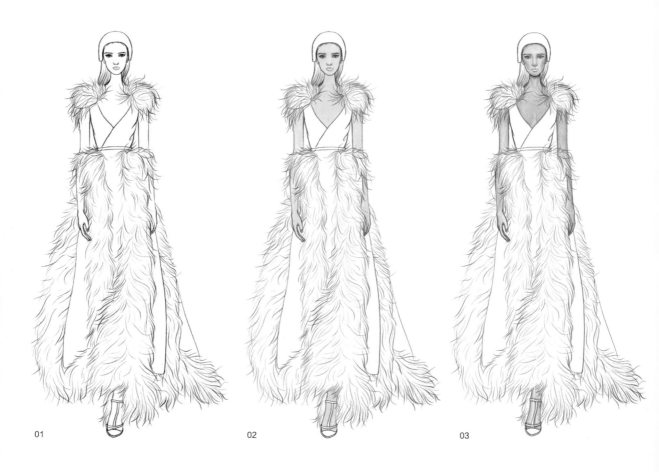

01　用自动铅笔起稿，绘制出模特的比例和动态效果。在此基础上，画出模特的五官、发型、饰品和服装，注意绘制皮草的线条要灵活，并保持画面干净、整洁。

02　上色之前先用画笔蘸取清水，将人物外露的皮肤轻轻涂湿，这样可以使颜色过渡更加自然。调和肤色，将其平涂于皮肤上。

03　待皮肤颜色快干时，挑选小号画笔，用少量玫红、柠檬黄与肤色调和，晕染颧骨、眼窝、鼻底、下巴、面部对脖子的投影、胸部、胳膊的暗部、鞋子对脚的投影处等，塑造出人物的立体感。

04

04 用熟褐与黑色调和，用小号勾线笔蘸取颜色，绘制眉毛。调和湖蓝来绘制眼球底色，注意留出高光。接着用熟褐绘制眼影，勾勒双眼皮。用黑色勾勒眼线、瞳孔和睫毛。

05 用肤色与少量赭石色调和，绘制出鼻梁的暗部。调和浅棕色来勾勒鼻翼，再用熟褐绘制鼻孔。用朱红与清水调和，绘制嘴唇，注意下嘴唇的高光要留白。用赭石色与少量朱红调和，加深唇中线与两边的嘴角，使嘴唇更加丰满。

06 用清水与赭石色调和，绘制头发的底色，注意根据线稿的走向运笔。

07 用棕色与少量熟褐调和加，深头发的暗部，表现其层次感，注意靠近面部的头发颜色更深。选择小号笔，用熟褐与黑色调和，根据头发层次勾勒发丝，注意线条要流畅，表现出发丝的质感。

08 用丁香紫与清水调和，绘制出帽子的底色，注意周围颜色略深。

09 选择小号勾线笔，先蘸取饱和的黑色，用点的方法绘制出帽子上的图案形状。蘸取白色，使用同样的方法，在黑色上点出白色的圆点，数量少于黑色。接着用白色绘制出耳饰。

10

11

12

10 用肤色与少量玫红调和，绘制出服装的底色。

11 在上一步的颜色中混入玫红进行调和，加深服装的暗部，塑造出基本的立体感。

12 在上半身服装上绘制出棕色的点，然后绘制天蓝的圆点，接着画一些密集的白色小点。用柠檬黄简单地绘制出腰带。

13

14

15

13 给皮草上色前先用笔蘸取清水，打湿皮草区域，待清水半干的时候，铺上浅浅的橘红。

14 趁湿用橘红加深皮草的暗部，根据线稿的线条走向运笔。铺色和晕染要快速完成，以免清水干后难以晕染自然而出现水痕。

15 等颜色干后，选择中号的勾线笔，在饱和的橘红里加入少量朱红进行调和，然后根据铅笔线条在皮草的暗部勾勒出一根根的线条，注意线条要流畅，长短和方向都要有所变化。

你好，时装 服装设计效果图水彩手绘表现技法

16

16 调和饱和的白色与少量清水，用小号勾线笔蘸取，然后在皮草亮部勾勒出更细的飘逸的线条，与上一步勾勒的橘红线条的方向要有所区分。用橘红与少量赭石色调和，在暗部勾勒少许较短的线条，这样皮草的立体感会更加明显。

17 用大红绘制鞋子底色，然后用大红与少量赭石色调和，加深鞋子暗部。用熟褐绘制鞋底边缘，最后蘸取白色，绘制鞋子上的亮片。

17

皮草面料作品欣赏

6.10
礼服的表现

　　礼服是女性参加晚宴、典礼等社交活动时穿着的庄重且正式的服装。它以裙装为基本款式，制作面料华丽，制作工艺精湛而复杂，能够使穿着者散发出独特的光芒。根据穿着时间的不同，礼服可以分为两大类：日装礼服和晚礼服。

礼服面料小样绘制

①用清水调和大红，平涂于纸面上。
②在大红里混入少量赭石色，继续加深面料的暗部。
③用赭石色绘制出变化的曲线与圆点，等颜色干透后，用白色在曲线上绘制出大小不同的圆点。

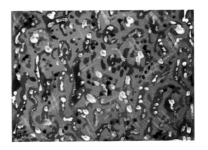

礼服面料实例解析

工具材料

自动铅笔、获多福细纹300g水彩纸、吉祥颜彩、红胖子水彩笔、华虹水彩笔。

所用色彩

肤色　玫红　柠檬黄　赭石色　熟褐　黑色　湖蓝　棕色　土黄　深蓝　群青　白色

02

03

01 用自动铅笔起稿，绘制出模特的比例和动态效果。在此基础上，画出模特的五官、发型和服装。注意线条要流畅、清晰，画面要干净、整洁。

02 上色之前用画笔蘸取清水，将面部与脖子等轻轻涂湿，这样可以使颜色过渡更加自然。调和肤色，将其平涂于面部和脖子等外露的皮肤上。

03 待颜色快干时，挑选小号画笔，用少量玫红、柠檬黄与肤色调和，晕染颧骨、眼窝、鼻底、下巴，以及面部在脖子上产生的投影等。

04 在上一步的颜色里加入少量赭石色进行调和，然后用小号笔蘸取颜色，注意笔上的水分不要太多，加深颧骨、眼窝和鼻梁，以及头发、服装在人体的投影，以更好地塑造出面部的立体感。

05 用熟褐与黑色调和，用小号勾线笔蘸取颜色，绘制眉毛。调和湖蓝来绘制眼球底色，注意留出高光，用黑色勾勒眼线和瞳孔。用熟褐勾勒下眼睑和鼻翼，用熟褐与少量黑色调和来绘制鼻孔。

06 用玫红与清水调和，绘制嘴唇，注意下嘴唇的高光要留白。用赭石色调和少量大红来加深唇中线与两边的嘴角，让嘴唇更加丰满。用小号笔调和棕色，勾勒颧骨和下巴边缘，使人物更加立体。

07 调和柠檬黄来绘制头发的底色，注意根据头型的走向用笔。

08 用土黄与少量赭石色调和，加深头发暗部，表现出层次感，注意靠近面部的头发颜色更深。

09 用熟褐与赭石色调和，然后用小号勾线笔根据头发层次勾勒出暗部的发丝，注意线条要流畅，表现出发丝的质感。

10

11

12

10 调和肤色来绘制人体上半身，上色前先用清水涂湿，然后用中号笔蘸取颜色，绘制皮肤。注意人体的特点，胳膊与身体交界处、胸部的颜色稍微深一点。因为会有服装遮盖人体，所以绘制肤色的时候用笔可以随意一点。

11 待上半身肤色干透以后，用清水调和淡淡的湖蓝，使用罩色法绘制上半身的服装，要注意表现出薄透的质感。

12 裙子面积很大，可以根据线稿的褶皱分区域上色，这样更方便晕染。上色前先用笔蘸取清水涂湿要画的区域，待清水半干的时候，选择大号水彩笔铺上湖蓝，并趁湿加深褶皱的暗部。铺色和晕染要快速完成，以免清水干后难以晕染自然而出现水痕。

13

14

15

13 用同样的方法绘制裙子的其他区域，注意左右两边的裙摆颜色可以浅一些。调和深蓝色来加深上半身服装与裙子的褶皱，接着对裙子整体进行调整，让裙子立体感更明显。

14 待裙子的颜色干后，用湖蓝、群青和深蓝色调和，然后用小号笔在上半身服装上勾勒线条，注意线条的长短变化和疏密关系，褶皱部分的线条颜色略深。

15 用同样的方法继续绘制裙子上的图案。

你好，时装　服装设计效果图水彩手绘表现技法

16 用浅湖蓝绘制腰带暗部，亮部留白，以表现出立体感。用小号勾线笔调和白色，绘制线条上的亮片高光，表现出亮片闪耀的光泽感。注意亮片的大小变化和分布的疏密关系，在裙子亮部的亮片要大一点，分布更密集，暗部的亮片数量略少，这样整体的立体感会更加明显。

17 绘制好服装后，可以适当营造一些氛围，让服装更完美。用黑色和清水调和，用毛笔蘸取清水，涂湿人物周围，然后趁湿晕染黑色。注意从人物周围向空白处晕染，会出现自然扩散的效果（棉浆纸更易出现扩散效果），晕染要一次完成，切记不要多次涂改。

礼服作品欣赏

07

不同风格服装
水彩手绘表现

7.1
职业休闲风

　　太过正统的职业装会让人觉得古板无趣，而职业休闲装在强调流畅线条与成熟风格的同时，还能营造出一种干练的时尚感，既不会给人距离感，也不会让人觉得太松散。职业休闲装将简单的造型结构与多变的纹理花样相结合，让女性不仅可以是街拍女王，还可以是穿梭于职场的时髦人士。

职业休闲风服装实例解析

工具材料

自动铅笔、获多福细纹300g水彩纸、吉祥颜彩、红胖子水彩笔、华虹水彩笔、平头笔。

所用色彩

肤色　　玫红　　柠檬黄　　赭石色　　棕色　　熟褐

黑色　　大红　　土黄　　灰豆绿

01 用自动铅笔起稿，绘制出模特的比例和动态效果。在此基础上，画出模特的五官、发型、帽子、服装和长靴。注意线条要流畅、清晰，画面要保持干净。

02 上色之前先用画笔蘸取清水，将面部、胳膊和腿部等轻轻涂湿，这样可以使颜色过渡更加自然。调和肤色，将其平涂于面部和四肢等外露的皮肤处，绘制出人体的皮肤底色。

01　　　　　　02

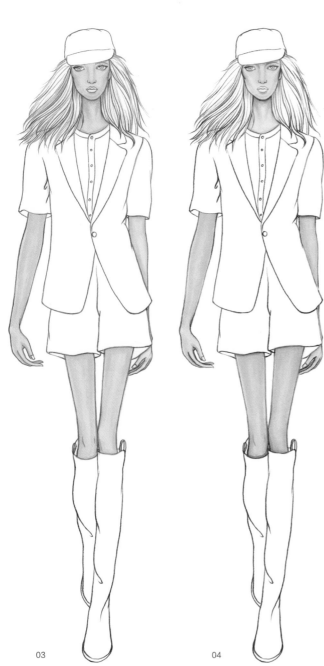

05

03 待颜色快干时，挑选小号画笔，用少量玫红、柠檬黄与肤色调和，加深面部的眉弓、眼窝、颧骨、鼻底等。然后用同样的颜色绘制脖子、锁骨、胳膊和腿部，注意表现出立体感，明暗之间的颜色过渡要自然。

04 在上一步调和出的颜色里加入少量赭石色进行调和，然后用小号笔蘸取颜色，注意笔上的水分不要太多，加深面部的颧骨、面部对脖子的投影和双腿的暗部。调和棕色，勾勒人体转折处，使人物更加立体。

05 用小号勾线笔调和熟褐，绘制右边的眉毛。用棕色绘制眼球，注意留出高光。用少量赭石色勾勒双眼皮与下眼睑，用黑色勾勒眼线、瞳孔和上睫毛。

06 用棕色勾勒鼻翼，并调和熟褐来绘制鼻孔。用少量赭石色、大红与清水调和，绘制嘴唇，注意下嘴唇的高光采用留白的方式处理。用赭石色加一点大红，加深唇中线与两边的嘴角，让嘴唇更加丰满。

07 用柠檬黄与土黄调和并加大量清水稀释，然后薄薄地绘制头发的底色。

08 用土黄与棕色调和，加深头发暗部，表现出层次感，注意用笔的走向。

09 用小号笔蘸取熟褐，然后根据头发层次勾勒发丝暗部，注意边缘位置的颜色略浅。

10 给帽子上色之前先用毛笔蘸取清水，将帽子轻轻涂湿，然后用土黄、灰豆绿与清水调和，绘制帽子的基本色。

11 在土黄与灰豆绿中混入少量棕色，加深帽子的暗部，表现出帽子的基本立体感。

12

12 调和大红，用小号勾线笔勾勒帽子上面的条纹，注意要根据帽子的结构表现出条纹的起伏变化。

13 用毛笔蘸取清水，将服装轻轻涂湿，然后用土黄、灰豆绿与清水调和，绘制服装的基本色。

14 用灰豆绿与土黄调和，加深服装的颜色，然后混入少量棕色，加深服装的暗部与投影，塑造出服装的立体感。绘制时，注意颜色的过渡要自然，切记不要留下明显的水痕。

13

14

你好，时装　服装设计效果图水彩手绘表现技法

15 刻画服装上的条纹细节。用小号勾线笔调和大红，勾勒出服装上的条纹，注意根据服装的结构运笔，线条要流畅并且有起伏变化。用大红与少量赭石色调和，加深条纹的暗部，以便更好地表现服装的立体感。

16 用棕色与大量清水调和，加深白色衬衫的暗部，使衬衫与外套更加统一、协调。

17 用清水与赭石色、土黄调和，然后用平涂法绘制长靴的底色。

18 控制好笔上的水分，然后用赭石色与土黄调和，加深靴子的底色。趁湿混入棕色，加深靴子的暗部，塑造出靴子的立体感。

19 用平头笔蘸取赭石色，以横竖笔触搭配来绘制背景，营造氛围。注意笔上的水分一定要少，下笔重、收笔轻。

18　　　　19

职业休闲风服装作品欣赏

7.2
水墨中国风

近年来，中国元素被中外服装设计师广泛运用，在时装领域大放异彩。将时装与中国水墨元素结合，再通过雪纺和薄纱等面料塑造出轻盈的感觉，飘逸的裙摆搭配浅淡的水墨印花，在行走时摇曳生姿，演绎了江南的婉约之美。

水墨中国风服装实例解析

工具材料

自动铅笔、获多福细纹300g水彩纸、吉祥颜彩、红胖子水彩笔、华虹水彩笔。

所用色彩

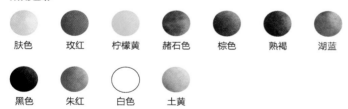

| 肤色 | 玫红 | 柠檬黄 | 赭石色 | 棕色 | 熟褐 | 湖蓝 |
| 黑色 | 朱红 | 白色 | 土黄 |

01 用自动铅笔起稿，绘制出模特的比例和动态效果。在此基础上，画出模特的五官、发型、服装和饰品，注意线条要清晰、流畅。

01

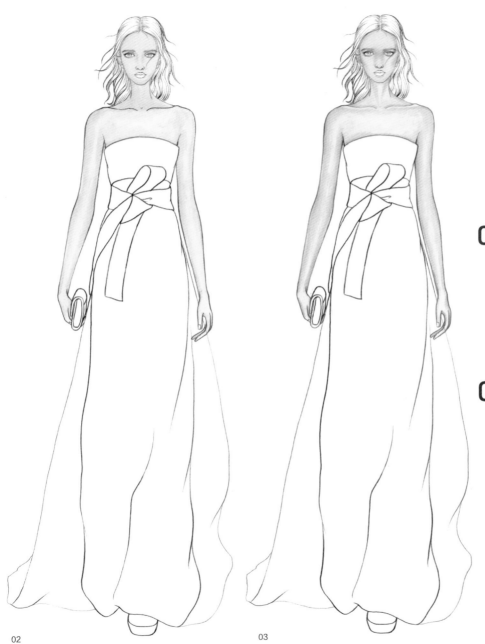

02 上色之前先用画笔蘸取清水，将面部、锁骨、胳膊等轻轻涂湿，这有利于颜色过渡自然。调和肤色，平涂面部和胳膊等外露的皮肤，绘制出人体皮肤的底色。

03 待颜色快干时，挑选小号画笔，用少量玫红、柠檬黄与肤色调和，加深面部的眉弓、眼窝、颧骨、鼻底等。然后用同样的颜色绘制脖子、锁骨、胳膊和手。在调和好的颜色里加入少量赭石色，用小号笔蘸取颜色，加深面部的颧骨，以及面部在脖子产生的投影。

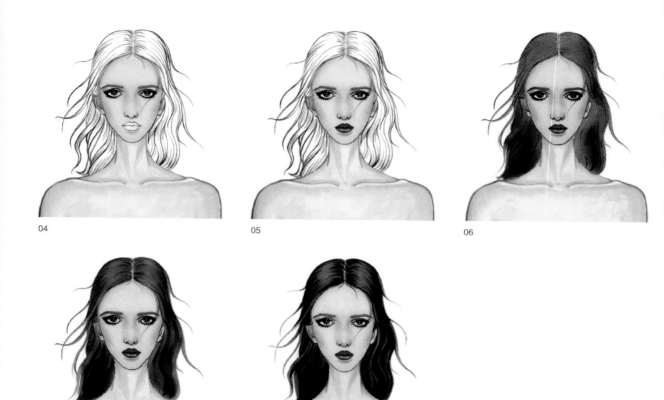

04 用小号勾线笔调和棕色，晕染眼框周围，再用熟褐绘制眉毛。用湖蓝绘制眼球，注意留出高光，接着用熟褐勾勒双眼皮，用黑色勾勒眼线、瞳孔和睫毛。

05 用棕色勾勒鼻翼，然后用熟褐与少量黑色调和，绘制鼻孔。用朱红、赭石色与清水调和，绘制出嘴唇底色，注意下嘴唇的高光要留白。用赭石色加深上嘴唇与下嘴唇的边缘。用赭石色加一点熟褐调和，勾勒唇中线与两边的嘴角。

06 用棕色和黑色调和，并用大量清水稀释，薄薄地为头发铺上一层底色。

07 用黑色与熟褐调和，加深头顶与两侧头发的暗部，表现出层次感。

08 等颜色干透以后，用小号勾线笔蘸取黑色，勾勒头发丝，然后用白色绘制出头发的高光，使头发更有立体感。

09 给服装上色之前先用毛笔蘸取清水，将裙子轻轻涂湿。用肤色、土黄、棕色与清水调和，绘制裙子的基本色。

10 趁颜色半干时，用肤色与少量棕色调和，加深裙子的暗部，注意颜色的晕染要自然，表现出裙子的立体感。

11 用黑色绘制上半身服装和腰带。注意留白，使黑色服装更加透气。

12 用小号勾线笔蘸取黑色，勾勒服装上的纹理，然后用白色点缀。注意点的大小和疏密变化。

13 用熟褐与清水调和，绘制出裙子上面的印花图案。注意图案的颜色深浅变化，要根据裙子底色的深浅而变化。

14 用黑色勾勒出裙子上的竹子图案，先绘制出竹子的主竿，注意粗细变化，再绘制出深浅不同的竹叶，注意竹叶的大小和方向变化。

15 用小号勾线笔蘸取少许湖蓝，绘制部分竹叶，然后用白色点缀裙子上的竹叶，使裙子上的图案更加生动。

14

15

你好，时装　服装设计效果图水彩手绘表现技法

16 用棕色与清水调和，绘制手包的边缘，然后用黑色绘制包的皮面和暗部，用白色勾勒出手包上的细节。

17 用赭石色调和黑色调和，用清水稀释后画出鞋底，再用黑色与清水调和画出鞋面。最后，调和湖蓝来晕染背景，注意裙摆处颜色略深。

16

17

水墨中国风服装作品欣赏

7.3
街头运动风

　　街头运动风是一种新的现代街头风格，它根植于街头文化，并与人们的生活态度相结合，是一种较新的流行趋势。在绘制街头运动风的服装时，所选的素材可以是T恤、卫衣、衬衫等宽松的服装，这类服装舒适且穿着实用性强，还能与众多服装进行混搭，体现街头时尚与运动的活力。绘制这种风格的服装需要注意服装的款式与搭配的细节。

街头运动风服装实例解析

工具材料
自动铅笔、获多福细纹300g水彩纸、史明克24色固体水彩、红胖子水彩笔、华虹水彩笔、扇形笔。

所用色彩

 肤色　 玫红　 柠檬黄　 熟褐　 黑色　棕色　赭石色　大红

 深蓝　 土黄　 湖蓝

01 用自动铅笔起稿，绘制出模特的比例和动态效果，通过肩、腰、臀的关系表现出走动的感觉。在此基础上，画出模特的五官、发型、发带和服装，先不用刻画出裤子上的条纹。

01

03

04

05

06

02 用画笔蘸取清水，将面部、脖子、手指和脚踝轻轻涂湿，这有利于颜色过渡自然。调和肤色，绘制出人体的皮肤底色。

03 待颜色快干时，挑选小号画笔，用少量玫红、柠檬黄与肤色调和，加深面部的眉弓、眼窝、颧骨、鼻底等。然后用同样的颜色绘制手指和脚踝。

04 用小号勾线笔调和熟褐与少量黑色，绘制眉毛。用棕色勾勒出双眼皮，再调和赭石色，绘制下眼影，表现出妆容特点。用熟褐绘制眼球，注意留出高光，用黑色勾勒瞳孔、眼线和睫毛。

05 用棕色勾勒鼻翼，然后用熟褐与少量黑色调和，绘制鼻孔。用大红与清水调和，绘制嘴唇底色，注意下嘴唇的高光要留白。然后用大红加深上嘴唇与下嘴唇的边缘，接着用赭石色加一点大红勾勒唇中线与两边的嘴角，让嘴唇更加丰满。

06 用大量清水稀释棕色，薄薄地为头发铺上一层底色。

07 用熟褐与棕色调和，加深头发的暗部，表现出层次感。等颜色干透后，用小号勾线笔蘸取熟褐，勾勒发丝，两侧暗部用黑色勾勒，使头发更有立体感。

08 用深蓝绘制发带，注意根据头型表现出发带的立体感。

09 用毛笔蘸取清水，将内搭服装轻轻涂湿用土黄与清水调和，绘制出基本色。待颜色半干时，用土黄加深暗部，以及内搭与衬衣接触的部分。

10 用湖蓝与大量清水调和，绘制出衬衣的暗部，亮部采用留白的方式处理。注意控制好笔上的水分，颜色晕染要自然，切莫留下严重的水痕。

11 调和少量湖蓝，加深衬衣的暗部，使袖子与衬衣更有空间感。用小号勾线笔蘸取深蓝色，勾勒服装边缘转折处，让衬衣立体感更强。用土黄将衬衣上的纽扣绘制出来。

12 用毛笔蘸取清水，将裤子轻轻涂湿。用大量清水稀释棕色，趁湿晕染裤子的暗部，绘制出裤子基本的立体感。

13 选取小号毛笔，调和棕色与熟褐，绘制出裤子上的条纹，注意条纹在暗部褶皱区域会有起伏变化。

14 绘制剩下区域的条纹，比上一步绘制的条纹略宽。注意每根条纹都会有粗细变化。

15 调和熟褐，加深暗部的条纹。用小号勾线笔勾勒裤子轮廓边缘，增强裤子的立体感。调和大红，绘制出裤子上的飘带。

16 用湖蓝绘制鞋面，用黑色绘制鞋带与鞋底。

17 调和赭石色，使用扇形笔绘制背景。注意控制好笔上的水分，下笔快速而准确，绘制的笔触方向与长短都要有所变化。

街头运动风服装作品欣赏

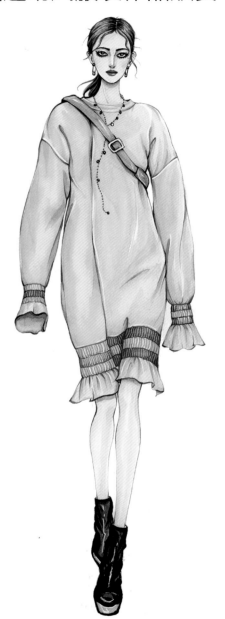

你好，时装 服装设计效果图水彩手绘表现技法

7.4
时尚名媛风

　　时尚名媛风的造型优雅、高贵，能够凸显女性曼妙的身姿。服装材质上乘且注意细节，华丽但不炫耀，高端且大气，服装拥有精湛的工艺与极致的奢华，展现出着装者时尚的品位。

时尚名媛风服装实例解析

工具材料

自动铅笔、获多福细纹300g水彩纸、吉祥颜彩、红胖子水彩笔、华虹水彩笔。

所用色彩

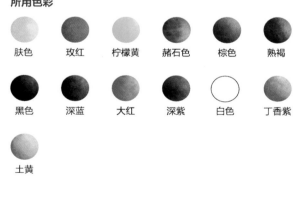

| 肤色 | 玫红 | 柠檬黄 | 赭石色 | 棕色 | 熟褐 |

| 黑色 | 深蓝 | 大红 | 深紫 | 白色 | 丁香紫 |

土黄

01 用自动铅笔起稿，绘制出模特的比例和动态效果。在此基础上，用流畅的线条画出模特的五官、发型和服装，注意画面要保持干净、整洁。

01

02　给皮肤上色之前先用画笔蘸取清水，将面部、脖子等外露出来的皮肤轻轻涂湿，这样可以使颜色过渡更加自然。调和肤色，用平涂法绘制出人体皮肤的底色。

03　待颜色快干时，挑选小号画笔，用少量玫红、柠檬黄与肤色调和，加深面部的眉弓、眼窝、颧骨和鼻底等。然后用同样的颜色绘制脖子、锁骨、胳膊、手和腿的暗部。

04 在上一步调和好的颜色里加入少量赭石色，然后用小号笔蘸取颜色，加深面部的颧骨、面部对脖子的投影、人体转折处，以塑造出人体的立体感。

05 用小号勾线笔调和棕色，晕染眼框周围，绘制出妆容特色。用熟褐加少量黑色调和，绘制眉毛。接着用深蓝绘制眼球，注意留出高光。用黑色勾勒眼线和瞳孔。

06 用棕色勾勒鼻翼，然后用熟褐与少量黑色调和，绘制鼻孔。用大红与清水调和，绘制出嘴唇底色，注意下嘴唇的高光留白，用赭石色加深上嘴唇与下嘴唇的边缘。用赭石色加少量熟褐调和，勾勒唇中线与两边的嘴角。

07 用大量清水稀释棕色，薄薄地为头发铺上一层底色。

08 用赭石色与熟褐调和，加深头顶与两侧头发的暗部，表现出头发的层次感。

09 等颜色干透以后，用小号勾线笔蘸取熟褐，勾勒发丝，绘制出发丝的细节。

10 用深紫以平涂法绘制服装的底色，然后用深蓝色勾勒出服装上的分割线条。

11 用小号勾线笔蘸取白色，点出服装上的亮片效果，注意圆点大小与疏密关系。等白色干透后，用深紫与清水调和，用罩色法绘制服装的暗部，使暗面的白点与亮面的白点有所区分。

12 用毛笔蘸取清水，将裙子轻轻涂湿，然后用丁香紫与清水调和，绘制半边裙子的基本色。

13 用同样的方法绘制另一半裙子的底色。

14 趁颜色半干时，用丁香紫与少量深紫调和，加深裙子的暗部，注意颜色的晕染要自然，表现出裙子的立体感。

15 用毛笔蘸取少许深紫，继续加深裙子暗面转折处，以及腿对裙子产生的投影部分，这样可以使裙子明暗对比更加明显。注意用笔要柔和，切记不要留下明显的水痕。

16 用土黄绘制鞋子的底色，用棕色加深鞋子的暗部，接着用熟褐勾勒出鞋子的轮廓线。

时尚名媛风服装作品欣赏

08

时装画
创作表现

8.1
时装画的风格探索

时装画的风格探索案例一

　　该案例选择亚历山大·麦昆的秀场妆容作为时装画素材，精致的妆容结合独特的造型，大面积的黑色与白色进行对比。在绘制时装画时，着重刻画人物嘴唇的妆容，同时注重描绘时装画背景丰富的肌理效果，创作出细腻、个性的时装画。

工具材料

自动铅笔、宝虹细纹300g水彩纸、史明克24色固体水彩、红胖子水彩笔、华虹水彩笔、榛形笔。

所用色彩

肤色　　玫红　　柠檬黄　　棕色　　熟褐　　黑色　　赭石色　　白色　　朱红　　大红　　湖蓝

01 用自动铅笔起稿，确定好画面的构图比例，然后用流畅的线条绘制出模特的五官和造型，注意线条要清晰、流畅，画面要干净、整洁。

02 给皮肤上色之前先用画笔蘸取清水，将面部及其他外露皮肤轻轻涂湿，这样可以使颜色过渡更加自然。调和肤色，平涂面部、脖子和肩膀，绘制出皮肤的底色。注意额头部分需要留白。

01

02

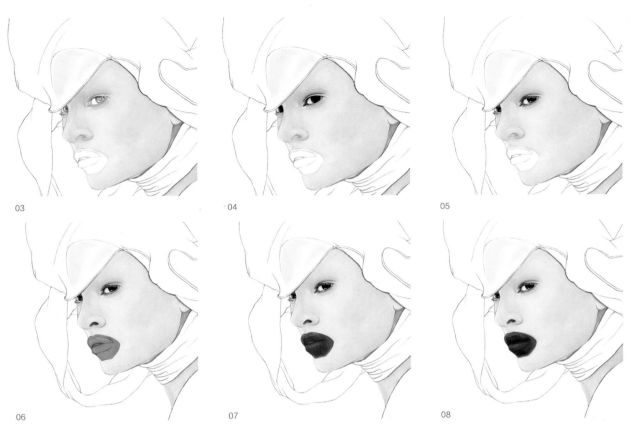

03　待颜色半干时，用肤色与少量玫红、柠檬黄调和，加深眼窝、颧骨、鼻梁、人中、下颚、脖子与胳膊侧面，表现出人物的立体感。颜色晕染要自然，以表现出皮肤光滑、细腻的特点。

04　用浅棕色加深眼白四周与眼角，体现出眼白的立体感。用熟褐与黑色调和，绘制眼球的底色，再用黑色加深瞳孔，以及眼皮在眼睛上产生的投影，塑造出眼睛的立体感。接着用棕色与赭石色调和，绘制双眼皮。用同样的颜色勾勒上眼睑与下眼睑。

05　根据睫毛生长方向，用黑色绘制出上睫毛。蘸取白色，勾勒出眼球上方的睫毛，睫毛的末端线条更细。用赭石色绘制出下睫毛，它比上睫毛更短。用白色点出眼睛高光，使眼睛更有神。

06　选取小号勾线笔，用棕色勾勒鼻翼底端，然后用熟褐与棕色调和，绘制鼻孔，注意靠近鼻翼处的鼻孔颜色略深。接着用白色与肤色调和，勾勒出鼻孔边缘与鼻头高光部分。用朱红与清水调和，绘制出嘴唇的底色。

07　用赭石色与大红调和，进一步丰富嘴唇的色彩，加深上嘴唇中部与下嘴唇边缘，绘制出嘴唇的立体感。

08　用熟褐加少量黑色调和，绘制嘴唇中部与两边的嘴角，加深嘴唇的唇沟处，使嘴唇立体感更加明显。

09

10

11

12

13

09 根据嘴唇的唇纹方向，用白色绘制出嘴唇的高光，使唇形更加饱满。调和白色，注意控制好笔上水分，以干扫的方法绘制出唇妆的高光，使整体唇妆生动诱人。

10 用大量清水调和湖蓝，然后用大号毛笔绘制出人物头纱的暗部，亮部留白，不用上色，额头部分的头纱使用罩色法刻画。用湖蓝与少量棕色调和，并加大量清水稀释，继续加深头纱的暗部，表现出头纱的前后遮挡关系。

11 用小号笔蘸取熟褐，勾勒出头纱的轮廓，注意线条的深浅变化，转折处的线条更粗且颜色略深，这使得头纱更有立体感。

12 用画笔蘸取清水，将服装轻轻涂湿，然后用黑色平涂服装。

13 待黑色干透后，用画笔蘸取白色，绘制出服装上的花朵图案，花瓣大小不一，用笔自然随意，与细腻的人物妆容形成对比。

14 用大号笔蘸取清水，涂湿背景区域，趁湿用黑色渲染背景。选取榛形笔，用轻重不一的力度加深人物边缘，留下笔触痕迹，形成独特的肌理，以凸显人物。

时装画的风格探索案例二

　　该案例选择了一位外国模特，通过她的肢体动作与造型，结合鲜亮的红色与黄色，创作出了灵动多变的时装画。在绘制时，着重刻画人物的五官，头发造型简单概括处理，利用水彩晕染的特点上色，使整体效果简洁而不简单。

工具材料

自动铅笔、获多福细纹300g水彩纸、史明克24色固体水彩、红胖子水彩笔、华虹水彩笔。

所用色彩

肤色	柠檬黄	玫红	棕色	熟褐	黑色	白色	大红	赭石色	土黄

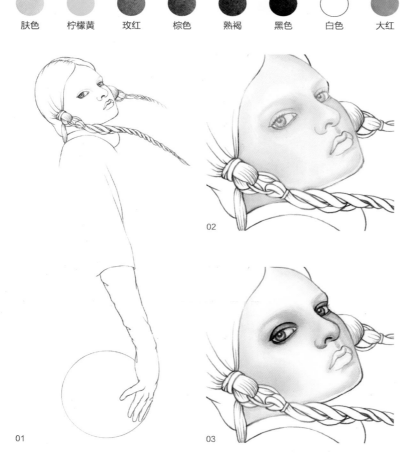

01

02

03

01 用自动铅笔起稿，确定好画面的构图比例。用流畅、准确的线条绘制出模特的五官、麻花辫、手套和圆形球体，注意保持画面干净、整洁。

02 上色之前先用画笔蘸取清水，将面部轻轻涂湿，这可以使颜色过渡更加自然。用清水与肤色调和出很浅的颜色，平涂面部和脖子。用肤色、柠檬黄与玫红调和，继续加深面部的眼窝、眉弓、颧骨、鼻梁、人中和下颚，表现出面部的立体感。注意颜色晕染要自然体现出皮肤光滑细腻的特点。

03 用浅棕色加深眼白四周与眼角，体现出眼白的立体感。用棕色与熟褐调和，绘制眼球的底色与鼻孔。用小号勾线笔蘸取棕色，勾勒双眼皮与下眼睑，接着用同样的颜色勾勒鼻子的轮廓。

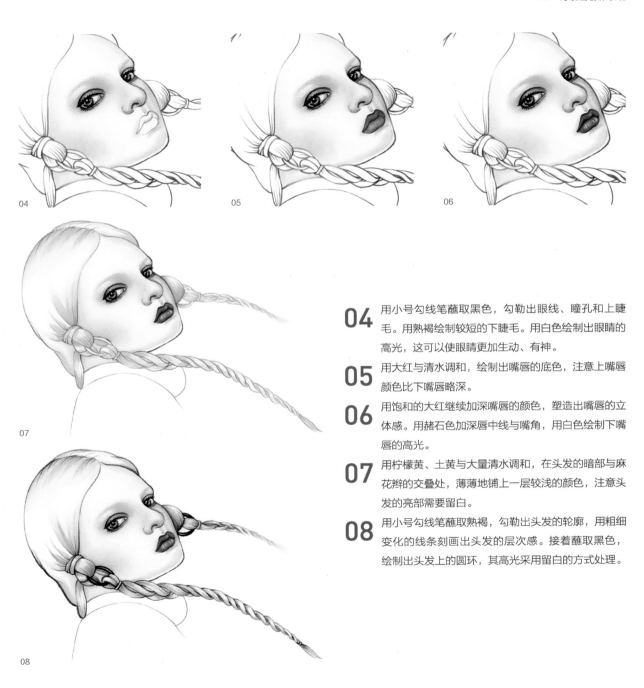

04 用小号勾线笔蘸取黑色，勾勒出眼线、瞳孔和上睫毛。用熟褐绘制较短的下睫毛。用白色绘制出眼睛的高光，这可以使眼睛更加生动、有神。

05 用大红与清水调和，绘制出嘴唇的底色，注意上嘴唇颜色比下嘴唇略深。

06 用饱和的大红继续加深嘴唇的颜色，塑造出嘴唇的立体感。用赭石色加深唇中线与嘴角，用白色绘制下嘴唇的高光。

07 用柠檬黄、土黄与大量清水调和，在头发的暗部与麻花辫的交叠处，薄薄地铺上一层较浅的颜色，注意头发的亮部需要留白。

08 用小号勾线笔蘸取熟褐，勾勒出头发的轮廓，用粗细变化的线条刻画出头发的层次感。接着蘸取黑色，绘制出头发上的圆环，其高光采用留白的方式处理。

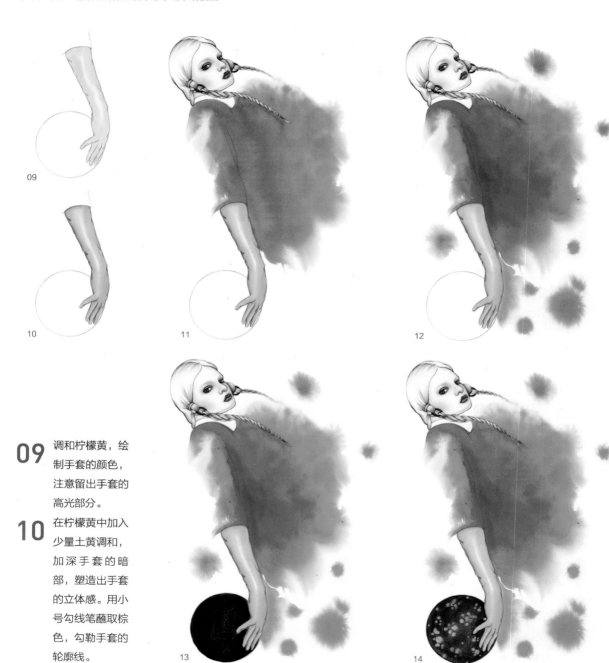

09 调和柠檬黄，绘制手套的颜色，注意留出手套的高光部分。

10 在柠檬黄中加入少量土黄调和，加深手套的暗部，塑造出手套的立体感。用小号勾线笔蘸取棕色，勾勒手套的轮廓线。

11 在人物袖子与上半身刷一层清水，然后调和充足的大红，趁湿铺在清水处。此时大红会从中间向四周自然散开。

12 用相同的方法在人物的四周绘制出大小不同的红色水花，使其与中间的红色相呼应。在大红中混入少量赭石色，加深袖子处的暗部，使袖子处与身体有所区分。

13 用饱和的黑色绘制人物手中的圆球，注意圆球的四周颜色略深。

14 在黑色半干时，用毛笔蘸取白色，在黑色上绘制大小不同的白点。白色颜料会随之散开，形成灰色的效果。

15 用小号的水彩笔蘸取白色，与另一支不蘸颜色的笔十字交叉，通过敲打的方式，在红色上洒出大小不同的白色圆点，丰富画面效果。

15

你好，时装　服装设计效果图水彩手绘表现技法

8.2
时装画的综合表现

　　该案例选择了一件有廓形感的层叠裙，模特侧身的状态更能突出裙子的特点。在绘制时，需要处理好裙子的褶皱关系，利用较干的笔触塑造裙子的质感，背景运用撒盐法，产生独特的水花效果。

工具材料
自动铅笔、宝虹细纹300g水彩纸、史明克24色固体水彩、红胖子水彩笔、华虹水彩笔、盐。

所用色彩

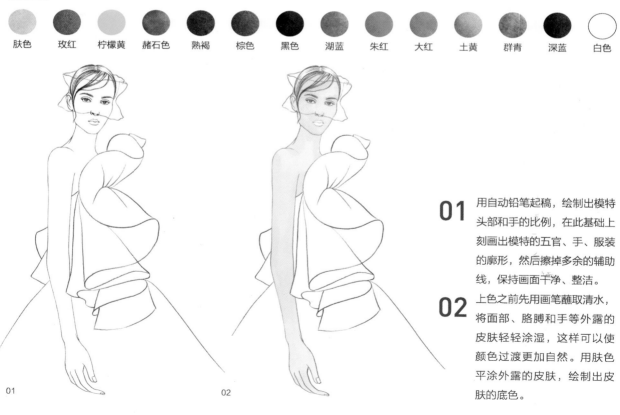

| 肤色 | 玫红 | 柠檬黄 | 赭石色 | 熟褐 | 棕色 | 黑色 | 湖蓝 | 朱红 | 大红 | 土黄 | 群青 | 深蓝 | 白色 |

01 用自动铅笔起稿，绘制出模特头部和手的比例，在此基础上刻画出模特的五官、手、服装的廓形，然后擦掉多余的辅助线，保持画面干净、整洁。

02 上色之前先用画笔蘸取清水，将面部、胳膊和手等外露的皮肤轻轻涂湿，这样可以使颜色过渡更加自然。用肤色平涂外露的皮肤，绘制出皮肤的底色。

01　　　　　　　　　　02

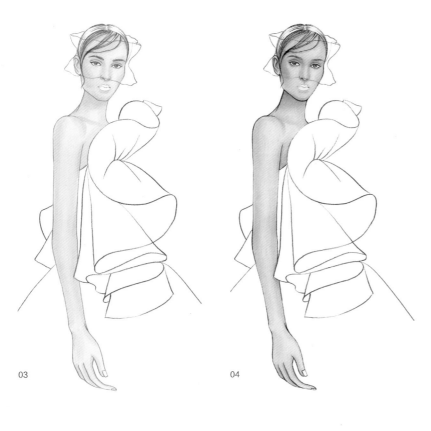

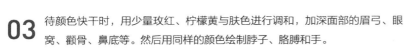

03 待颜色快干时，用少量玫红、柠檬黄与肤色进行调和，加深面部的眉弓、眼窝、颧骨、鼻底等。然后用同样的颜色绘制脖子、胳膊和手。

04 在上一步调和的颜色里混入少量赭石色，加深面部的颧骨，以及面部在脖子上产生的投影。然后用小号勾线笔蘸取熟褐，勾勒人体转折处，使人物更加立体。

05 用棕色绘制眉毛的底色用小号勾线笔蘸取熟褐与少量黑色进行调和，绘制出眉毛的质感，注意眉头处的眉毛更稀疏。

06 用小号勾线笔调和赭石色和棕色，晕染眼框周围。用湖蓝绘制眼球，注意留出高光。接着用熟褐勾勒双眼皮，用黑色勾勒眼线和瞳孔。

07 用棕色勾勒鼻翼，然后用熟褐与少量黑色调和，绘制鼻孔。

08 用朱红绘制嘴唇的底色，注意下嘴唇的高光要留白。

09 用饱和的大红加深上嘴唇与下嘴唇的边缘，然后用棕色勾勒唇中线与两边的嘴角。

10 用大量清水稀释柠檬黄，薄薄地为头发铺一层底色。

11 用土黄与棕色调和，加深头顶中间与两侧头发的暗部，表现出层次感。等颜色干透以后，用小号勾线笔蘸取熟褐，勾勒发丝，使头发更有立体感，注意额头上的几缕发丝要流畅、自然。

12 用小号勾线笔蘸取熟褐，勾勒头部饰品的轮廓，注意线条要有曲折变化。

13 用大量清水稀释熟褐，然后用小号勾线笔蘸取颜色，绘制饰品细节，注意形状的大小各不相同。继续用罩色法加深饰品的暗部，增强立体感。

14

15

16

14 因为服装颜色比背景更深，服装可以覆盖住背景，所以先绘制背景，再绘制服装。时装画注重构图，案例中人物朝向画面右侧，因此画面右侧的背景颜色应比左侧浅，右侧留白越多，画面整体越显透气。用清水涂湿右侧背景，用湖蓝与群青调和，并加入大量清水使颜色变浅，然后跟随服装轮廓绘制右侧背景，靠近服装处颜色略深。左侧背景使用撒盐法绘制，先用清水涂湿画纸，然后晕染湖蓝与群青，等颜色半干时撒上盐粒，颜色干后会出现自然散开的独特效果。用水彩笔蘸取群青，点出大小不同的圆点，营造氛围。

15 用水彩笔蘸取清水，涂湿服装部分。在深蓝色中加入清水，使颜色变浅，并趁湿画出服装的底色，注意服装的亮部要留白。

16 调和饱和的深蓝色，用干扫法加深裙身部分与胸前服装的暗部。用勾线笔蘸取深蓝，勾勒出服装的翻折交界线，加强服装的轮廓。

17

17 在白色中加入少量的湖蓝，降低白色的纯度。然后用中号水彩笔以干扫法继续绘制服装的质感。

18 用小号的水彩笔蘸取白色，与另一支不蘸颜色的笔十字交叉，通过敲打的方法，在服装上洒出白色圆点，使画面更加丰富。注意圆点的疏密变化。

18

8.3
时装画的作品欣赏